建筑施工特种作业人员安全技术培训教材

塔式起重机司机

建筑施工特种作业人员
安全技术培训教材编审委员会　　组织编写
山东省建筑安全与设备管理协会　主　　编

中国建筑工业出版社

图书在版编目（CIP）数据

塔式起重机司机/山东省建筑安全与设备管理协会主编. — 北京：中国建筑工业出版社，2019.6
建筑施工特种作业人员安全技术培训教材
ISBN 978-7-112-23750-0

Ⅰ. ①塔…　Ⅱ. ①山…　Ⅲ. ①塔式起重机-安全培训-教材
Ⅳ. ① TH213.308

中国版本图书馆 CIP 数据核字（2019）第 093082 号

　　本书作为针对建筑施工特种作业人员之一塔式起重机司机的培训教材,紧紧围绕《建筑施工特种作业人员管理规定》、《建筑施工特种作业人员安全技术考核大纲（试行）》、《建筑施工特种作业人员安全操作技能考核标准（试行）》等相关规定,对建筑塔式起重机司机必须掌握的安全技术知识和技能进行了讲解,全书共 5 章,包括:专业基础知识,塔式起重机基本构造与工作原理,塔式起重机主要零部件,塔式起重机安全操作与维护保养,安全操作技能。本书针对塔式起重机司机的工作特点,本着科学、实用、适用的原则,内容深入浅出,语言通俗易懂,形式图文并茂,系统性、权威性、可操作性强。

　　本书既可作为塔式起重机司机的培训教材,也可作为塔式起重机司机参考工具书和自学用书。

责任编辑：范业庶　张　磊　王华月
责任校对：姜小莲

建筑施工特种作业人员安全技术培训教材
塔式起重机司机

建筑施工特种作业人员安全技术培训教材编审委员会　组织编写
山东省建筑安全与设备管理协会　主编

*

中国建筑工业出版社出版、发行（北京海淀三里河路9号）
各地新华书店、建筑书店经销
北京建筑工业印刷厂制版
廊坊市海涛印刷有限公司印刷

*

开本：850×1168毫米　1/32　印张：$9\frac{3}{8}$　字数：249千字
2019年8月第一版　　2019年11月第二次印刷
定价：**32.00**元
ISBN 978-7-112-23750-0
（34069）

建筑施工特种作业人员安全技术培训教材
编审委员会

本书编委会

主　　编：吕济德

副 主 编：王东升　邓丽华　孙　冰

主　　审：张英明　田华强　许　军

编写人员：（按姓氏笔画排序）

序　言

中共中央、国务院 2016 年 12 月 9 日颁发的《关于推进安全生产领域改革发展的意见》中明确指出，"安全生产是关系人民群众生命财产安全的大事，是经济社会协调健康发展的标志，是党和政府对人民利益高度负责的要求。"

建筑业是我国国民经济的重要支柱产业。改革开放以来，我国建筑业快速发展，建造能力不断增强，产业规模不断扩大，吸纳了大量农村转移劳动力，带动了大量关联产业，对经济社会发展、城乡建设和民生改善作出了重要贡献。建筑安全生产管理工作也取得了很大成绩。从总体上看，全国建筑安全生产形势呈不断好转之势，但受施工环境和作业特点等所限，特别是超高层、大体量的建设工程逐年递增，施工现场不安全因素较多，建筑安全生产形势依然非常严峻。建筑业仍属事故多发的高危行业之一，每年发生的事故起数和死亡人数有着较大波动性。因此，建筑安全生产是建筑业和工程建设发展的永恒主题，必须以习近平新时代中国特色社会主义思想为指引，牢固树立以人为本、安全发展的理念，坚持"安全第一、预防为主、综合治理"方针，坚持速度、质量、效益与安全的有机统一，强化和落实建筑业企业主体责任，防范和遏制重特大事故，防止和减少违章指挥、违规作业、违反劳动纪律行为，促进建设工程安全生产形势持续稳定好转。

建筑施工特种作业，是指在建筑施工活动中容易发生事故，对操作者本人、他人的安全健康及设备、设施的安全可能造成重大危害的作业。直接从事建筑施工特种作业的人员，称为建筑施工特种作业人员。因此，抓好建筑施工特种作业人员的专业培训教育，实行持证上岗，对于保障建筑施工安全生产具有极为重要的意义。

本系列教材的编写依据主要是《建筑施工特种作业人员管理规定》（建质〔2008〕75号）、《关于建筑施工特种作业人员考核工作的实施意见》（建办质〔2008〕41号）。根据建筑施工特种作业人员的分类和《建筑施工特种作业人员安全技术考核大纲》（试行）所规定的考核知识点，本系列教材共编为12本。其中，《特种作业安全生产基本知识》是综合性教材，适用于所有的建筑施工特种作业人员；其余11本为专业性用书，分别适用于建筑电工、普通脚手架架子工、附着升降脚手架架子工、建筑起重司索信号工、塔式起重机司机、施工升降机司机、物料提升机司机、塔式起重机安装拆卸工、施工升降机安装拆卸工、物料提升机安装拆卸工、高处作业吊篮安装拆卸工。

本系列教材的编写工作，得到了黑龙江省建筑安全监督管理总站、河南省建筑安全监督总站、湖北省建设工程质量安全协会、浙江省建筑业行业协会施工安全与设备管理分会、山东省建筑安全与设备管理协会、湖南省建设工程质量安全协会、重庆市建设工程安全管理协会、江苏省建筑行业协会建筑安全设备管理分会、广东省建筑安全协会、安徽省建设行业质量与安全协会、江苏省高空机械吊篮协会和高空机械工程技术研究院以及有关方面专家们的大力支持，分别承担和完成了本系列教材的各书编写工作。特此一并致谢！

本系列教材主要用于建筑施工特种作业人员的业务培训和指导参加考核，也可作为专业院校和有关培训机构作为建筑施工安全教学用书。本书虽经反复推敲，仍难免有不妥之处，敬请广大读者提出宝贵意见。

建筑施工特种作业人员安全技术培训教材编审委员会
2018年12月

前　言

为加强对建筑施工特种作业人员的管理，防止和减少生产安全事故，中华人民共和国住房和城乡建设部发布了《建筑施工特种作业人员管理规定》（建质［2008］75号）文件，对建筑施工特种作业人员的考核、发证、从业和监督管理进行了规定。

《建筑施工特种作业人员管理规定》明确了塔式起重机司机属于建筑施工特种作业人员，必须经建设主管部门考核合格，取得建筑施工特种作业人员操作资格证书，方可上岗从事塔式起重机作业。

塔式起重机是应用最为广泛的一种施工机械设备。塔式起重机生产安全事故也是建筑行业多发事故的主要类型之一，特别是塔式起重机违规作业和管理不当更易造成群死群伤的重大事故。由此可见，塔式起重机司机接受安全技术培训、考核和取证是十分必要的。

为配合塔式起重机司机培训和考核，本教材紧扣安全技术考核大纲和技能操作考核标准，从专业基础知识、塔式起重机基本构造与工作原理、主要零部件及报废标准、安全操作与维护保养等关键环节入手，采用图文并茂的方式，阐述了安全注意事项、危险源辨识及事故隐患排查等，力求使全书通俗易懂、形象直观且实用性、可操作性强，以帮助广大读者学习参考。

本教材由山东省建筑安全与设备管理协会组织编写，协会会长吕济德高级工程师任主编，王东升教授、邓丽华高级工程师任副主编，张英明研究员、田华强研究员、许军高级工程师担任主审。在教材编写过程中，得到了山东省建筑科学研究院、中国海洋大学、潍坊市建设工程质量安全协会和威海建设集团股份有限公司等科研院所、知名高校、行业协会及知名企业的积极参与和大力支持，谨此表示感谢！

本书虽经反复修改和完善，仍难免有不妥之处，恳请广大读者提出宝贵意见。

2018 年 12 月

目　　录

1 专业基础知识

1.1 力学基本知识

1.1.1 力学基本概念

1. 力的概念

力是一个物体对另一个物体的作用,它包括了两个物体,一个叫受力物体,另一个叫施力物体,其效果是使物体的运动状态发生变化,或使物体变形。

力使物体运动状态发生变化的效应称为力的外效应,使物体产生变形的效应称为力的内效应。力是物体间的相互机械作用,力不能脱离物体而独立存在。

2. 力的三要素

力的大小表明物体间作用力的强弱程度;力的方向表明在该力的作用下,静止的物体开始运动的方向,作用力的方向不同,物体运动的方向也不同;力的作用点是物体上直接受力作用的点。在力学中,把"力的大小、方向和作用点"称为力的三个要素。

如图 1-1 所示,用手拉伸弹簧,用的力越大,弹簧拉得越长,这表明力产生的效果跟力的大小有关系;用同样大小的力拉弹簧和压弹簧,拉的时候弹簧伸长、压的时候弹簧缩短,说明力的作用效果跟力的作用方向有关系。如图 1-2 所示,用扳手拧螺母,手握在扳手手柄的 A 点比 B 点省力,所以力的作用效果与力的方向和力的作用点有关。三要素中任何一个要素改变,都会使力的作用效果改变。

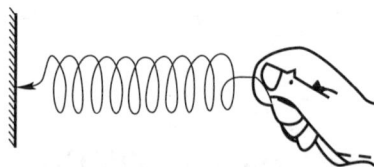

图 1-1　手拉弹簧

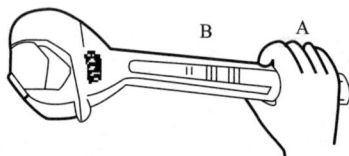

图 1-2　用扳手拧螺母

3. 力的单位

在国际计量单位制中，力的单位用牛顿或千牛顿，简写为牛（N）或千牛（kN）。工程上曾习惯采用公斤力、千克力（kgf）和吨力（tf）来表示。它们之间的换算关系为：

1 牛顿（N）=0.102 公斤力（kgf）

1 吨力（tf）=1000 公斤力（kgf）

1 千克力（kgf）=1 公斤力（kgf）=9.807 牛（N）≈10 牛（N）

4. 力的合成与分解

力是矢量，力的合成与分解都遵从平行四边形法则，如图 1-3 所示。

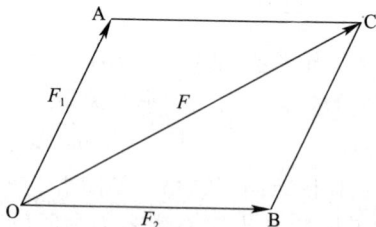

图 1-3　平行四边形法则

平行四边形法则实质上是一种等效替换的方法。一个矢量

2

（合矢量）的作用效果和另外几个矢量（分矢量）共同作用的效果相同，就可以用这一个矢量代替那几个矢量，也可以用那几个矢量代替这一个矢量，而不改变原来的作用效果。

在分析同一个问题时，合矢量和分矢量不能同时使用。也就是说，在分析问题时，考虑了合矢量就不能再考虑分矢量，考虑了分矢量就不能再考虑合矢量。

5. 力的平衡

作用在物体上几个力的合力为零，这种情形叫做力的平衡。

在起重吊装作业中，因力的不平衡可能造成被吊运物体的翻转、失控、倾覆，只有被吊运物体上的力保持平衡，才能保证物体处于静止或匀速运动状态，才能保持被吊物体稳定。

1.1.2　重心和吊点位置的选择

1. 重心

重心是物体所受重力的合力的作用点，物体的重心位置由物体的几何形状和物体各部分的质量分布情况来决定。质量分布均匀、形状规则的物体的重心在其几何中点。物体的重心可能在物体的形体之内，也可能在物体的形体之外。

（1）物体的形状改变，其重心位置可能不变。如一个质量分布均匀的立方体，其重心位于几何中心。当该立方体变为一长方体后，其重心仍然在其几何中心；当一杯水倒入一个弯曲的玻璃管中，其重心就发生了变化。

（2）物体的重心相对物体的位置是一定的，它不会随物体放置的位置改变而改变。

2. 重心的确定

（1）材质均匀、形状规则的物体的重心位置容易确定，如均匀的直棒，它的重心在它的中心点上，均匀球体的重心就是它的球心，直圆柱的重心在它的圆柱轴线的中点上。

（2）对形状复杂的物体，可以用悬挂法求出它们的重心。如图 1-4 所示，方法是在物体上任意找一点 A，用绳子把它悬挂起来，物体的重力和悬索的拉力必定在同一条直线上，也就是重心必定在通过 A 点所作的竖直线 AD 上；再取任一点 B，同样把物体悬挂起来，重心必定在通过 B 点的竖直线 BE。这两条直线的交点，就是该物体的重心。

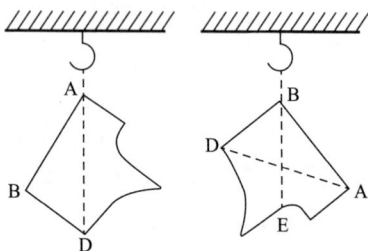

图 1-4　悬挂法求形状不规则物体的重心

3. 吊点位置的选择

在起重作业中，应当根据被吊物体来选择吊点位置，吊点位置选择不当就会造成绳索受力不均，甚至发生被吊物体转动、倾翻的危险。吊点位置的选择，一般按下列原则进行：

（1）吊运各种设备、构件时要用原设计的吊耳或吊环。

（2）吊运各种设备、构件，如果没有吊耳或吊环，可在设备四个端点上捆绑吊索，然后根据设备具体情况，选择吊点，使吊点与重心在同一条垂线上。有些设备未设吊耳或吊环，但往往有吊点标记，如各种罐类以及重要设备，应仔细检查。

（3）吊运方形物体时，四根绳应拴在物体的四边对称点上。

（4）吊装细长物体时，如桩、钢筋、钢柱、钢梁杆件，应按计算确定的吊点位置绑扎绳索，吊点位置的确定有以下几种情况：

1）一个吊点：起吊点位置应设在距起吊端 $0.3L$（L 为物体的长度）处。如钢管长度为 10m，则捆绑位置应设在钢管起吊端距端部 10m×0.3＝3m 处，如图 1-5（a）所示。

2）两个吊点：如起吊用两个吊点，则两个吊点应分别距物体两端 0.21L 处。如果物体长度为 10m，则吊点位置为 10m×0.21＝2.1m，如图 1-5（b）所示。

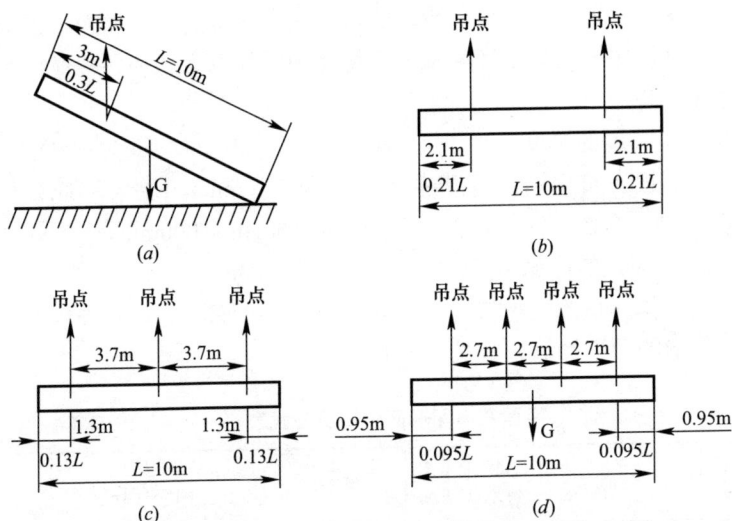

图 1-5　吊点位置选择示意图

（a）单个吊点；（b）两个吊点；（c）三个吊点；（d）四个吊点

3）三个吊点：如物体较长，为减少起吊时物体所产生的应力，可采用三个吊点。三个吊点位置确定的方法是，首先用 $0.13L$ 确定出两端的两个吊点位置，然后把两吊点间的距离等分，即得第三个吊点的位置，也就是中间吊点的位置。如杆件长 10m，则两端吊点位置为 10m×0.13=1.3m，如图 1-5（c）所示。

4）四个吊点：选择四个吊点，首先用 $0.095L$ 确定出两端的两个吊点位置，然后再把两吊点间的距离进行三等分，即得中间两吊点位置。如杆件长 10m，则两端吊点位置分别距两端 10m×0.095=0.95m，中间两吊点位置分别距两端 10×0.095+10×（1-0.095×2)/3，如图 1-5（d）所示。

1.1.3　物体重量的计算

质量表示物体所含物质的多少，是由物体的体积和材料密度所决定的；重量是表示物体所受地球引力的大小，是由物体的体积和材料的容重所决定的。物体的质量与重量的值近似相等，因

5

此，在日常生活中，也用质量的多少代替重量的大小。为了正确的计算物体的重量，必须掌握物体体积的计算方法和各种材料密度等有关知识。

1. 长度的量度

工程上常用的长度基本单位是毫米（mm）、厘米（cm）和米（m）。它们之间的换算关系是 1m=100cm=1000mm。

2. 面积的计算

物体体积的大小与它本身截面积的大小成正比。各种规则几何图形的面积计算公式见表1-1。

平面几何图形面积计算公式表　　表1-1

名称	图形	面积计算公式	名称	图形	面积计算公式
正方形		$S=a^2$	梯形		$S=\dfrac{(a+b)h}{2}$
长方形		$S=ab$	圆形		$S=\dfrac{\pi}{4}d^2$（或 $S=\pi R^2$） d——圆直径； R——圆半径
平行四边形		$S=ah$	圆环形		$S=\dfrac{\pi}{4}(D^2-d^2)=\pi(R^2-r^2)$ d、D——分别为内、外圆环直径； r、R——分别为内、外圆环半径
三角形		$S=\dfrac{1}{2}ah$	扇形		$S=\dfrac{\pi R^2\alpha}{360}$ α——圆心角（度）

3. 物体体积的计算

对于简单规则的几何形体的体积，可按表1-2中的计算公式计算。对于复杂的物体体积，可将其分解成数个规则的或近似的几何形体，求其体积的总和。

各种几何形体体积计算公式表　　　　　　表1-2

名称	图形	公式	名称	图形	公式
立方体		$V=a^3$	球体		$V=\dfrac{4}{3}\pi R^3=\dfrac{1}{6}\pi d^3$ R——底圆半径; d——底圆直径
长方体		$V=abc$	圆锥体		$V=\dfrac{1}{12}\pi d^2h=\dfrac{\pi}{3}R^2h$ R——底圆半径; d——底圆直径
圆柱体		$V=\dfrac{\pi}{4}d^2h=\pi R^2h$ R——半径	任意三棱体		$V=\dfrac{1}{2}bhl$ b——边长; h——高; l——三棱体长
空心圆柱体		$V=\dfrac{\pi}{4}(D^2-d^2)h$ $=\pi(R^2-r^2)h$ $r、R$——内、外半径	截头方锥体		$V=\dfrac{h}{6}\times[(2a+a_1)b+$ $(2a_1+a)b_1]$ $a、a_1$——上下边长; $b、b_1$——上下边宽; h——高
斜截正圆柱体		$V=\dfrac{\pi}{4}d^2\dfrac{(h_1+h)}{2}$ $=\pi R^2\dfrac{(h_1+h)}{2}$ R——半径	正六角棱柱体		$V=\dfrac{3\sqrt{3}}{2}b^2h$ $V=2.598b^2h=2.6b^2h$ b——底边长

4. 物体重量（质量）的计算

在物理学中，把某种物质单位体积的质量叫做这种物质的密

7

度，其单位是 kg/m³。各种常用物质的密度见表 1-3。

各种常用物质的密度表　　　　表 1-3

物体材料	密度（10³kg/m³）	物体材料	密度（10³kg/m³）
水	1.0	混凝土	2.4
钢	7.85	碎石	1.6
铸铁	7.2～7.5	水泥	0.9～1.6
铸铜、镍	8.6～8.9	砖	1.4～2.0
铝	2.7	煤	0.6～0.8
铅	11.34	焦碳	0.35～0.53
铁矿	1.5～2.5	石灰石	1.2～1.5
木材	0.5～0.7	造型砂	0.8～1.3

物体的重量（质量）可根据下式计算：

物体的重量≈物体的质量＝物体的密度 × 物体的体积，其表达式见式（1-1）。

$$m = \rho V \qquad (1\text{-}1)$$

式中　m——物体的质量，kg；

　　　ρ——物体的材料密度，kg/m³；

　　　V——物体的体积，m³。

[例1-1] 起重机的料斗如图1-6所示，它的上口长为1.2m，宽为1m，下底面长0.8m，宽为0.5m，高为1.5m，试计算满斗混凝土的重量。

[解] 查表1-3得知混凝土的密度：

$$\rho = 2.4 \times 10^3 \text{kg/m}^3$$

料斗的体积：

$$V = \frac{h}{6}\left[(2a + a_1)b + (2a_1 + a)b_1\right]$$

$$= \frac{1.5}{6}\left[(2 \times 1.2 + 0.8) \times 1 + (2 \times 0.8 + 1.2) \times 0.5\right]$$

$$= 1.15 \text{m}^3$$

混凝土的质量: $m = \rho V = 2.4 \times 10^3 \times 1.15 = 2.76 \times 10^3 \, (\text{kg})$

混凝土的重量: $G \approx m = 2.76 \times 10^3 \, (\text{kg}) = 27.6 \times 10^3 \, (\text{kN})$

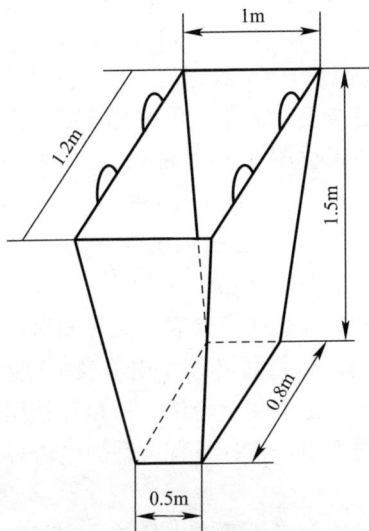

图 1-6　起重机的料斗

1.2　电工学基础

1.2.1　基本概念

1. 电流、电压和电阻

（1）电流

在电路中电荷有规则的运动称为电流。

电流不但有方向，而且有大小。大小和方向都不随时间变化的电流，称为直流电，用字母"DC"或"一"表示；大小和方向随时间变化的电流，称为交流电，用字母"AC"或"～"表示。

电流的大小称为电流强度，简称电流。电流强度的定义公式，见式（1-2）。

$$I = \frac{Q}{t} \qquad\qquad (1-2)$$

式中　I——电流强度，A；

　　Q——通过导体某截面的电荷量，C；

　　t——电荷通过时间，s。

电流（即电流强度）的基本单位是安培，简称安，用字母 A 表示，电流常用的单位还有 kA、mA、μA，换算关系为：

$$1kA = 10^3 A$$

$$1mA = 10^{-3} A$$

$$1\mu A = 10^{-6} A$$

测量电流强度的仪表叫电流表，又称安培表，分直流电流表和交流电流表两类。测量时必须将电流表串联在被测的电路中。每一个安培表都有一定的测量范围，所以在使用安培表时，应该先估算一下电流的大小，选择量程合适的电流表。

（2）电压

电路中要有电流，必须要有电位差，有了电位差电流才能从电路中的高电位点流向低电位点。

电压是指电路中任意两点之间的电位差。电压的基本单位是伏特，简称伏，用字母 V 表示，常用的单位还有千伏（kV）、毫伏（mV）等，换算关系为：

$$1kV = 10^3 V$$

$$1mV = 10^{-3} V$$

测量电压大小的仪表叫电压表，又称伏特表，分直流电压表和交流电压表两类。测量时，必须将电压表并联在被测量电路中，每个伏特表都有一定的测量范围（即量程）。使用时，必须注意所测的电压不得超过伏特表的量程。

电压按等级划分为高压、低压与安全电压。

高压：指电气设备对地电压在 1kV 以上；

低压：指电气设备对地电压为 1kV 以下；

安全电压有五个等级：42V、36V、24V、12V、6V。

（3）电阻

导体对电流的阻碍作用成为电阻，导体电阻是导体中客观存在的。在温度不变时导体的电阻，跟它的长度成正比，跟它的横截面积成反比。上述关系见式（1-3）。

$$R = \rho \frac{L}{S} \qquad (1\text{-}3)$$

式中　R——导体的电阻，Ω；

　　　ρ——导体的电阻率，$\Omega \cdot m$；

　　　L——导体的长度，m；

　　　S——导体的横截面积，mm^2。

式（2-2）中 ρ 是导体的材料决定的，称为导体的电阻率。

电阻的常用单位有欧（Ω）、千欧（$k\Omega$）、兆欧（$M\Omega$）。

他们的换算关系是：

$$1k\Omega = 10^3 \Omega$$

$$1M\Omega = 10^3 k\Omega = 10^6 \Omega$$

2. 电路

（1）电路的组成

电路就是电流流通的路径，如日常生活中的照明电路，电动机电路等。电路一般由电源、负载、导线和控制器件四个基本部分组成，如图 1-7 所示。

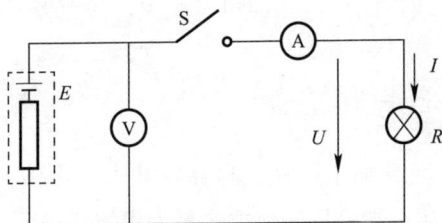

图 1-7　电路示意图

1）电源：将其他形式的能量转换为电能的装置，在电路中，电源产生电能，并维持电路中的电流。

2）负载：将电能转换为其他形式能量的装置。

3）导线：连接电源和负载的导体，为电流提供通道并传输电能。

4）控制器件：在电路中起接通、断开、保护、测量等作用的装置。

（2）电路的类别

按照负载的连接方式，电路可分为串联电路和并联电路。电路中电流依次通过每一个组成元件的电路称为串联电路；所有负载（电源）的输入端和输出端分别被连接在一起的电路，称为并联电路。

按照电流的性质，分为交流电路和直流电路。电压和电流的大小及方向随时间变化的电路，叫交流电路；电压和电流的大小及方向不随时间变化的电路，叫直流电路。

（3）电路的状态

1）通路：当电路的开关闭合，负载中有电流通过时称为通路，电路正常工作状态为通路。

2）开路：即断路，指电路中开关打开或电路中某处断开时的状态，开路时电路中无电流通过。

3）短路：电源两端的导线因某种事故未经过负载而直接连通时称为短路。短路时负载中无电流通过，流过导线的电流比正常工作时大几十倍甚至数百倍，短时间内就会使导线产生大量的热量，造成导线熔断或过热而引发火灾，短路是一种事故状态，应避免发生。

3. 电功率和电能

（1）电功率

在导体的两端加上电压，导体内就产了电流。电场力推动自由电子定向移动所做的功，通常称为电流所做的功或称为电功（W）。

电流在一段电路所做的功，与这段电路两端的电压 U、电路中的电流强度 I 和通电时间 t 成正比。见式（1-4）。

$$W=UIt \tag{1-4}$$

式中　W——电流在一段电路所作的功，J（焦耳）；

　　　U——电路两端的电压，V；

　　　I——电路中的电流强度，A；

　　　t——通电时间，s。

单位时间内电流所做的功叫电功率，简称功率，用字母 P 表示，其单位为焦耳 / 秒（J/s），即瓦特，简称瓦（W）。功率的计算见式（1-5）：

$$p = \frac{W}{t} = \frac{UIt}{t} = UI = I^2 R = \frac{U^2}{R} \qquad （1-5）$$

式中　P——功率，J/s；

　　　W——电流在一段电路所做的功，J；

　　　U——电路两端的电压，V；

　　　I——电路中的电流强度，A；

　　　t——通电时间，s。

常用的电功率单位还有 kW、MW 和马力 HP，换算关系为：

$$1kW = 10^3 W$$

$$1MW = 10^6 W$$

$$1HP（马力）= 736W$$

（2）电能

电路的主要任务是进行电能的传送、分配和转换。电能是指一段时间内电场所做的功，见式（1-6）。

$$W = Pt \qquad （1-6）$$

式中　W——电能，kW·h；

　　　P——功率，J/S；

　　　t——通电的时间，S。

电能的单位是千瓦·小时（kW·h），简称度。1 度 =1kW·h。

测量电功的仪表是电能表，又称电度表，它可以计量用电设备或电器在某一段时间内所消耗的电能。测量电功率的仪表是功率表，它可以测量用电设备或电气设备在某一工作瞬间的电功率大小。功率表又可以分为有功功率表（kW）和无功功率表（Kvar）。

4. 交流电

我国工业上普遍采用频率为 50Hz 的正弦交流电，在日常生活中，人们接触较多的是单向交流电，而实际工作中，人们接触更多的是三相交流电。

三个具有相同频率、相同振幅，但在相位上彼此相差 120° 的正弦交流电，统称为三相交流电。三相交流电习惯上分为 A、B、C 三相。按国标规定，交流供电系统的电源 A、B、C 分别用 L_1、L_2、L_3 表示，其相色分别为黄色、绿色和红色。交流供电系统中电气设备接线端子的 A、B、C 相依次用 U、V、W 表示，如三相电动机三相绕组的首端和尾端分别为 U_1 和 U_2、V_1 和 V_2、W_1 和 W_2。

1.2.2 三相异步电动机

电动机分为交流电动机和直流电动机两大类，交流电动机又分为异步电动机和同步电动机。异步电动机又可分为单相电动机和三相电动机。电扇、洗衣机、电冰箱、空调、排风扇、木工机械及小型电钻等使用的是单相异步电动机，塔机的行走、变幅、卷扬、回转机构都采用三相异步电动机。

1. 三相异步电动机的结构

三相异步电动机也叫三相感应电动机，主要由定子和转子两个基本部分组成。转子又可分为鼠笼式和绕线式两种。

（1）定子

定子主要由定子铁芯、定子绕组、机座和端盖等组成。

1）定子铁芯

定子铁芯是异步电动机主磁通磁路的一部分，通常由导磁性能较好的 0.35～0.5mm 厚的硅钢片叠压而成。对于容量较大（10kW 以上）的电动机，在硅钢片两面涂以绝缘漆，作为片间绝缘之用。

2）定子绕组

定子绕组是异步电动机的电路部分，由三相对称绕组按一定的空间角度依次嵌放在定子线槽内，其绕组有单层和双层两种基本形式。如图 1-8 所示。

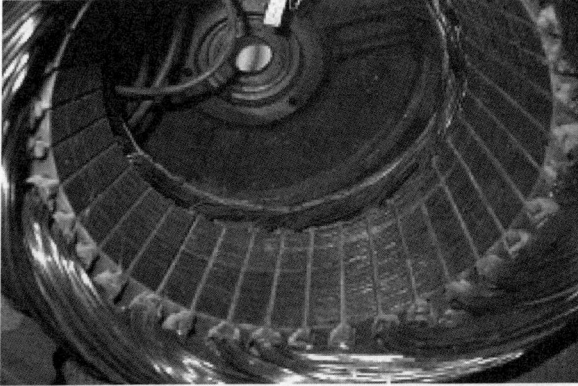

图 1-8　三相电机的定子绕组

3）机座

机座的作用主要是固定定子铁心并支撑端盖和转子，中小型异步电动机一般都采用铸铁机座。

（2）转子

转子部分由转子铁芯、转子绕组及转轴组成。

1）转子铁芯，也是电动机主磁通磁路的一部分，一般也由 0.35～0.5mm 厚的硅钢片叠成，并固定在转轴上。转子铁芯外圆侧均匀分布着线槽，用以浇铸或嵌放转子绕组。

2）转子绕组，按其形式分为鼠笼式和绕线式两种。

小容量鼠笼式电动机一般采用在转子铁芯槽内浇铸铝笼条，两端的端环将笼条短接起来，并浇铸成冷却风扇叶状。鼠笼式电机的转子，如图 1-9 所示。

绕线式电动机是在转子铁芯线槽内嵌放对称三相绕组，如图 1-10 所示。三相绕组的一端接成星形，另一端接在固定在转轴上的滑环（集电环）上，通过电刷与变阻器连接。三相绕线式电机的滑环结构，如图 1-11 所示。

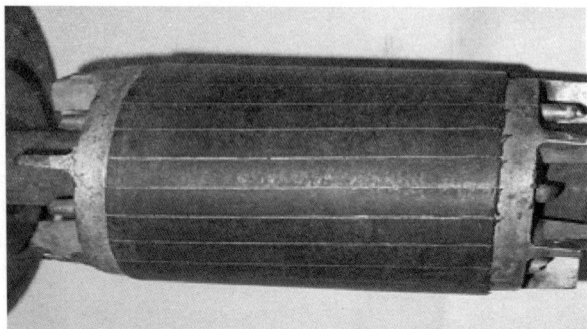

图 1-9　鼠笼式电机的转子

图 1-10　绕线式电机的转子绕组

图 1-11　三相绕线式电机的滑环结构

3）转轴，其主要作用是支撑转子和传递转矩。

2. 三相异步电动机的铭牌

电动机出厂时，在机座上都有一块铭牌，上面标有该电机的型号、规格和有关数据。

（1）铭牌的标识

电机产品型号举例：Y-132S$_2$-2

  Y——表示异步电动机；

 132——表示机座号，数据为轴心对底座平面的中心高（mm）；

  S——表示短机座（S：短，M：中，L：长）；

 下标——表示铁芯长度号；

  2——表示电动机的极数。

（2）技术参数

1）额定功率：电动机的额定功率也称额定容量，表示电动机在额定工作状态下运行时，轴上能输出的机械功率，单位为W或kW。

2）额定电压：是指电动机额定运行时，外加于定子绕组上的线电压，单位为V或KV。

3）额定电流：是指电动机在额定电压和额定输出功率时，定子绕组的线电流，单位为安A。

4）额定频率：额定频率是指电动机在额定运行时电源的频率，单位为Hz。

5）额定转速：额定转速是指电动机在额定运行时的转速，单位为r/min。

6）接线方法：表示电动机在额定电压下运行时，三相定子绕组的接线方式。目前电动机铭牌上给出的接法有两种，一种是额定电压为380V/220V，接法为Y/Δ；另一种是额定电压380V，接法为Δ。

7）绝缘等级：电动机的绝缘等级，是指绕组所采用的绝缘材料的耐热等级，它表明电动机所允许的最高工作温度，见表1-4。

绝缘等级及允许最高工作温度   表 1-4

绝缘等级	Y	A	E	B	F	H	C
最高工作温度℃	90	105	120	130	155	180	＞180

3. 变频电机及变频器

（1）变频电机

变频调速电机简称变频电机，是变频器驱动的电动机的统称。实际上为变频器设计的电机为变频专用电机，电机可以在变频器的控制下实现不同的转速与扭矩，以适应负载的需求变化。变频电动机由传统的鼠笼式电动机发展而来，把传统的电机风机改为独立出来的风机，并且提高了电机绕组的绝缘性能。在要求不高的场合，如小功率和额定工作频率工作情况下，可以用普通鼠笼电动机代替，现如今常用于塔机起升机构的电机，如图1-12所示。

（2）变频器

变频器（图1-13）是利用电力半导体器件的通断作用将工频电源变换为另一频率的电能控制装置，如图1-13所示。当前使用的变频器主要采用交—直—交方式（VVVF变频或矢量控制变频），先把工频交流电源通过整流器转换成直流电源，然后再把直流电源转换成频率、电压均可控制的交流电源以供给电动机。变频器的电路一般由整流、中间直流环节、逆变和控制4个部分组成。

变频电机启动性能优良，因采用电磁设计，减少了定子和转子的阻值，适应不同工况条件下的频繁变速，在一定程度上能够节能降耗。

4. 三相异步电动机的运行与维护

（1）电动机起动前检查

1）电动机上和附近有无杂物和人员；

2）电动机所拖动的机械设备是否完好；

图 1-12 变频电机　　　　图 1-13 变频器

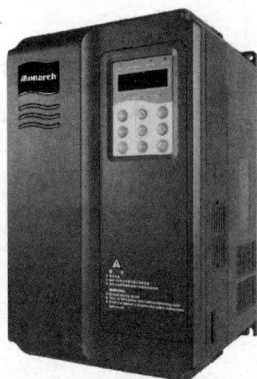

3）大型电动机轴承和起动装置中油位是否正常；

4）绕线式电动机的电刷与滑环接触是否紧密；

5）转动电动机转子或其所拖动的机械设备，检查电动机和拖动的设备转动是否正常。

（2）电动机运行中的监视与维护

1）电动机的温升及发热情况；

2）电动机的运行负荷电流值；

3）电源电压的变化；

4）三相电压和三相电流的不平衡度；

5）电动机的振动情况；

6）电动机运行的声音和气味；

7）电动机的周围环境、适用条件；

8）电刷是否冒火或其他异常现象。

1.2.3　低压电器

低压电器在供配电系统中广泛用于电路、电动机、变压器等电气装置上，起着开关、保护、调节和控制的作用，按其功能分有开关电器、控制电器、保护电器、调节电器、主令电器、成套电器等，现主要介绍起重机械中常用的几种低压电器。

1．主令电器

主令电器是一种能向外发送指令的电器，主要有按钮、行程开关、接触开关等。利用它们可以实现人对控制电器的操作或实现控制电路的顺序控制。

（1）控制按钮

按钮是一种靠外力操作接通或断开电路的电气元件，一般不能直接用来控制电气设备，只能发出指令，但可以实现远距离操作。几种按钮的外形与结构，如图1-14所示。

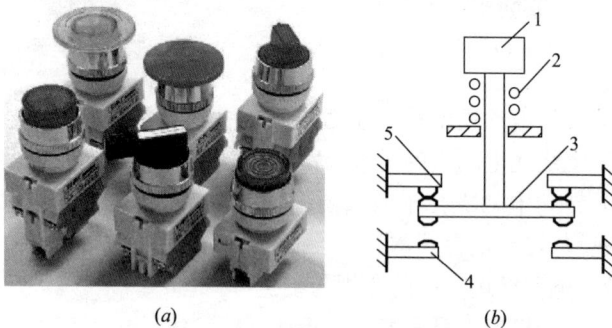

图1-14　按钮的外形与结构
1—按钮；2—弹簧；3—接触片；4、5—接触点

（2）行程开关

行程开关又称限位开关或终点开关，是一种将机械信号转换为电信号来控制运动部件行程的开关元件。它不用人工操作，而是利用机械设备某些部件的碰撞来完成的，以控制自身的运动方向或行程大小的主令电器，被广泛用于顺序控制器、运动方向、行程、零位、限位、安全及自动停止、自动往复等控制系统中。如图1-15所示。

（3）主令控制器

主令控制器（又称主令开关）主要用于电气传动装置中，按一定顺序分合触头，达到发布命令或其他控制线路联锁转换的目的。其中塔机的联动操作台就属于主令控制器，用来操作塔机的回转、变幅、升降，如图 1-16 所示。

图 1-15　几种常见的行程开关

图 1-16　塔机的联动操作台

2. 空气断路器

低压空气断路器又称自动空气开关或空气开关，属开关电器，是用于当电路中发生过载，短路和欠压等不正常情况时，能自动分断电路的电器，也可用作不频繁地启动电动机或接通、分断电路，有万能式断路器、塑壳式断路器、微型断路器、漏电保护器等，如图 1-17 所示。

图 1-17　几种常见的断路器

3. 漏电保护器

漏电保护器，又称剩余电流动作保护器，主要用于保护人身因漏电发生电击伤亡、防止因电气设备或线路漏电引起电气火灾事故。

安装在负荷端电器电路的漏电保护器，是考虑到漏电电流通过人体的影响，用于防止人为触电的漏电保护器，其动作电流不得大于 30mA，动作时间不得大于 0.1s。应用于潮湿场所的电器设备，应选用动作电流不大于 15mA 的漏电保护器。

漏电保护器按结构和功能分为漏电开关、漏电断路器、漏电继电器、漏电保护插头、插座。漏电保护器按极数还可分为单极、二极、三极、四极等多种。

4. 接触器

接触器是利用自身线圈流过电流产生磁场，使触头闭合，以达到控制负载的电器。接触器用途广泛，是电力拖动和控制系统中应用最为广泛的一种电器，它可以频繁操作，远距离闭合、断开主电路和大容量控制电路，接触器可分为交流接触器和直流接触器两大类。

接触器主要由电磁系统、触头系统，灭弧装置等几部分组成。交流接触器的交流线圈的额定电压有 380V、220V 等，如图 1-18 所示。

图 1-18　常见的接触器

5. 继电器

继电器是一种自动控制电器，在一定的输入参数下，它受输入端的影响而使输出参数有跳跃式的变化。常用的有中间继电器、热继电器、时间继电器、温度继电器等。如图 1-19 所示。

图 1-19　几种常见的继电器

6. 制动器

制动器是使机械中的运动件停止或减速的机械零件。俗称刹车、闸。制动器主要由制动架、制动件和操纵装置等组成，有些制动器还装有制动件间隙的调整装置。

（1）涡流制动

在电机需要低速运行时采用的一种制动方法，利用涡流效应来消耗电能从而达到降速。此种制动主要用于塔机的起升机构的电机，如图1-20所示。

图1-20　涡流制动电机

基本原理：当大块金属导体放在交变磁场中，金属中的自由电子会受到变化磁场产生的感应电动势的作用，从而在金属中形成涡流状的感应电流，成为涡旋电流，简称涡流。由法拉第电磁感应定律知，当通过闭合回路的磁通量发生变化时，将产生感生电动势形成感应电流。由于金属内部处处可以构成回路，当大块金属处在变化着的磁场中或相对磁场运动时，穿过金属任意回路的磁通量都可能发生变化，在磁通量变化过程中，金属块内将产生感应电流，这种电流的流线在金属块内自行闭合，形成涡流。有楞次定律可知感应电流的效果总是反抗引起感应电流的原因，根据这个原理通过一些制动装置，形成制动效果。

比较常见的涡流制动有直线型涡流制动和旋转型涡流制动。塔机中的起升机构常用旋转型涡流制动。旋转型涡流制动是指利用永磁体或电磁铁线圈产生电磁场，旋转导体在永磁体产生的磁场中做切割磁力线产生电涡流，电涡流在磁场下产生洛伦兹力，而洛伦兹力方向与导体运动方向相反，内部构造如图1-21所示。

图 1-21　旋转型涡流制动器

（2）电磁制动

电磁制动主要用于塔机的变幅机构的电机，如图 1-22 所示。

图 1-22　电磁制动器

基本原理：电机通电时电磁线圈得直流电产生吸力将尾部两摩擦面分开，电机自由旋转，反之通过弹簧回复力让电机制动，具体的是指在电机的尾部有一个电磁抱刹，电机通电时它也通电吸合，这时它对电机不制动，当电机断电时它也断电，抱刹在弹簧的作用下刹住电机。根据电机功率不同，线圈电阻在几十至几百欧之间。

常用的利用电磁效应实现制动的制动器，分为电磁粉末制动器、电磁涡流制动器和电磁摩擦式制动器等多种形式。塔机中的变幅机构常用电磁摩擦式制动。电磁摩擦式制动是指激磁线圈通电产生磁场，通过磁轭吸合衔铁，衔铁通过联结件实现制动，如图 1-23 所示。

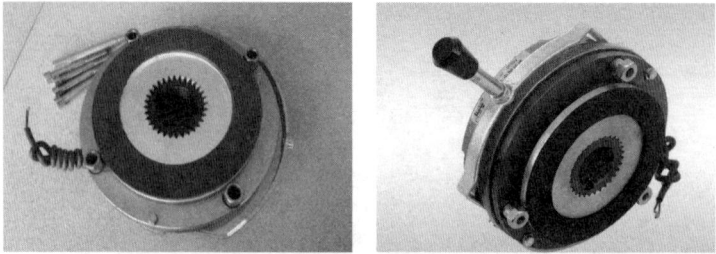

图 1-23　电磁摩擦式制动器

1.3　机械基础知识

1.3.1　机械识图概述

1. 机械制图的线型及应用

机械制图是用图样确切表示机械的结构形状、尺寸大小、工作原理和技术要求的学科。图样由图形、符号、文字和数字等组成，是表达设计意图和制造要求以及交流经验的技术文件，常被称为工程界的语言。机械图形由各种图线构成，如粗实线、细实线、虚线等。各线型及应用示例见表 1-5，线型的应用图例见图 1-24。

机械制图线型及应用　　　　　　　　　　　表 1-5

名称	线型	代码	主要应用举例
细实线	——————	1	1. 过渡线 2. 尺寸线 3. 尺寸界线 4. 指引线和基准线 5. 剖面线 6. 重合断面的轮廓线
波浪线	～～～～	2	断裂处边界线；视图和剖视图的边界线
双折线	⌐⌐⌐⌐⌐	3	断裂处的边界线；视图与剖视图的分界线
粗实线	——————	4	1. 可见棱边线 2. 可见轮廓线 3. 相贯线 4. 剖切符号用线

名称	线型	代码	主要应用举例
虚线	- - - - - - -	5	1. 不可见棱边线 2. 不可见轮廓线
细点画线	—·—·—·—	6	1. 轴线 2. 对称中心线 3. 剖切线
细双点画线	—··—··—	7	1. 相邻辅助零件的轮廓线 2. 可动零件极限位置轮廓线 3. 轨迹线 4. 中断线

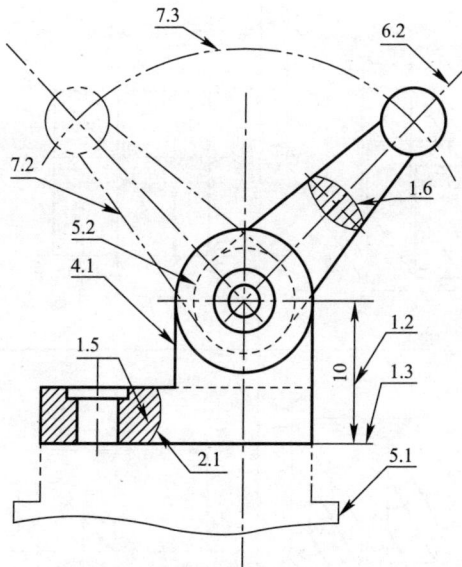

图 1-24　线型的应用图例

2. 机械制图的投影特性

机械图是按照一定的投影方法和有关规定，表达工程对象的形状、大小和技术要求的工程图样。投影面平行面的投影特性见表 1-6。

表 1-6

投影面平行面的投影特性

名称	水平面	正平面	侧平面
轴测图			
投影图			
投影特性	1. 水平投影反映实形; 2. 正面投影 //OX，侧面投影 //OY_W，都积聚成直线	1. 正面投影反映实形; 2. 水平投影 //OX，侧面投影 //OZ，都积聚成直线	1. 侧面投影反映实形; 2. 正面投影 //OZ，水平投影 //OY_H，都积聚成直线

3. 机械制图的三视图

机械图按投影方向和相应投影面的位置不同，常用视图分为主视图、俯视图、左视图等。视图主要用于表达机件的外部形状，图中看不见的轮廓线用虚线表示。机械制图三视图应用图例见图 1-25。

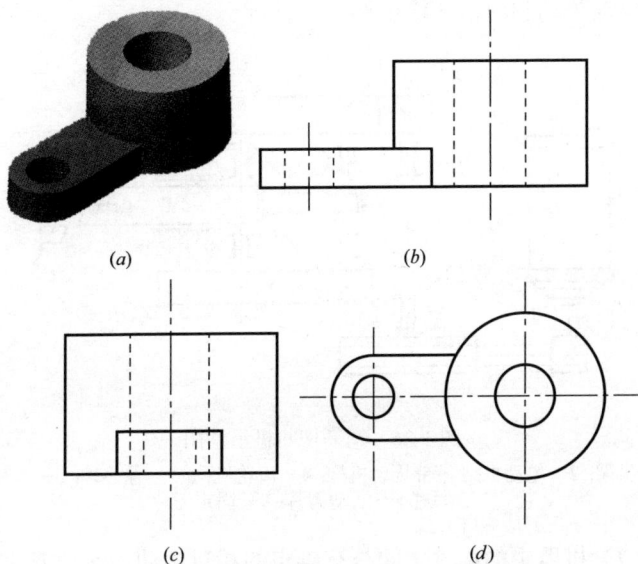

图 1-25　机械制图三视图应用图例
（a）立体图;（b）主视图;（c）左视图;（d）俯视图

1.3.2　机械基础概述

1. 机器

机器一般是由原动部分、传动部分和执行部分组成的。原动部分是机器动力的来源。常用的原动机有电机、内燃机等。传动部分是把原动部分的运动和动力传递给执行部分的中间环节。执行部分是完成机器预定的动作，处于整个传动的终端，其结构形式要取决于机器工作本身的用途。

机器通常有以下三个共同的特征：

（1）机器是由许多的构件组合而成的，如图 1-26 所示，钢筋切断机由电动机通过带传动及齿轮传动，带动由曲柄、连杆和滑块组成的曲柄滑块机构，使安装在滑块上的活动刀片周期性地靠近或离开安装在机架上的固定刀片，完成切断钢筋的工作循环。其原动部分为电动机，执行部分为刀片，传动部分包括带传动、齿轮传动和曲柄滑块机构。

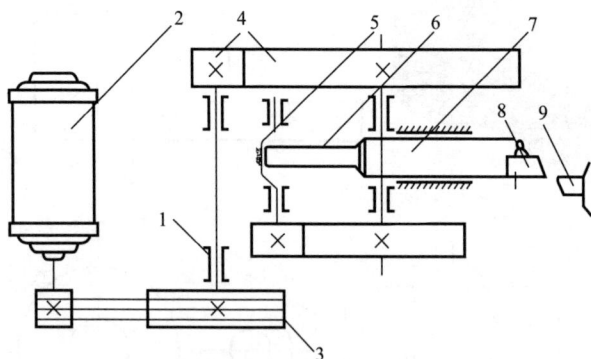

图 1-26　钢筋切断机示意图

1—机架；2—电动机；3—带传动机构；4—齿轮机构；5—偏心轴；6—连杆；
7—滑块；8—活动刀片；9—固定刀片

（2）机器中的构件之间具有确定的相对运动。活动刀片相对于固定刀片做往复运动。

（3）机器可以用来代替人的劳动，完成有用的机械功或者实现能量转换。如运输机可以改变物体的空间位置，电动机能把电能转换成机械能等。

2. 机构

从结构和运动的观点来看，机构和机器并无区别。机构具有机器的前两个特征，而没有最后一个特征，通常把这些具有确定相对运动构件的组合称为机构。

3. 运动副

使两物体直接接触而又能产生一定相对运动的联接，称为运动副。如图 1-27 所示。

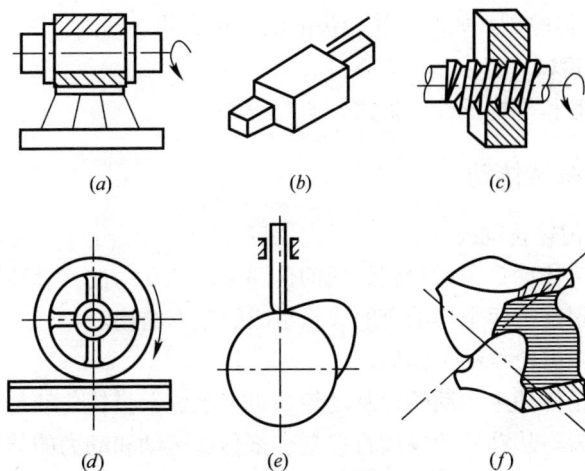

图 1-27 运动副

（a）转动副；（b）移动副；（c）螺旋副；（d）滚轮副；（e）凸轮副；（f）齿轮副

根据运动副中两机构接触形式不同，运动副可分为低副和高副。

（1）低副

低副是指两构件之间作面接触的运动副。按两构件的相对运动情况，可分为：

1）转动副：指两构件在接触处只允许作相对转动，如由轴和瓦之间组成的运动副。

2）移动副：指两构件在接触处只允许作相对移动，如由滑块与导槽组成的运动副。

3）螺旋副：两构件在接触处只允许作一定关系的转动和移动的复合运动，如丝杠与螺母组成的运动副。

（2）高副

高副是两构件之间作点或线接触的运动副。按两构件的相对运动情况，可分为：

1）滚轮副：如由滚轮和轨道之间组成的运动副。

2）凸轮副：如凸轮与从动杆组成的运动副。

3）齿轮副：如两齿轮轮齿的啮合组成的运动副。

4. 机械

机器和机构泛称为机械。

1.3.3　机械传动

1. 齿轮传动

齿轮传动是由齿轮副组成的传递运动和动力的一套装置，所谓齿轮副是由两个相啮合的齿轮组成的基本结构。

（1）齿轮传动工作原理

齿轮传动由主动轮、从动轮和机架组成。齿轮传动是靠主动轮的轮齿与从动轮的轮齿直接啮合来传递运动和动力的装置。如图 1-28 所示，当一对齿轮相互啮合而工作时，主动轮 O_1 的轮齿 1、2、3、4、…，通过啮合点法向力的作用逐个地推动从动轮

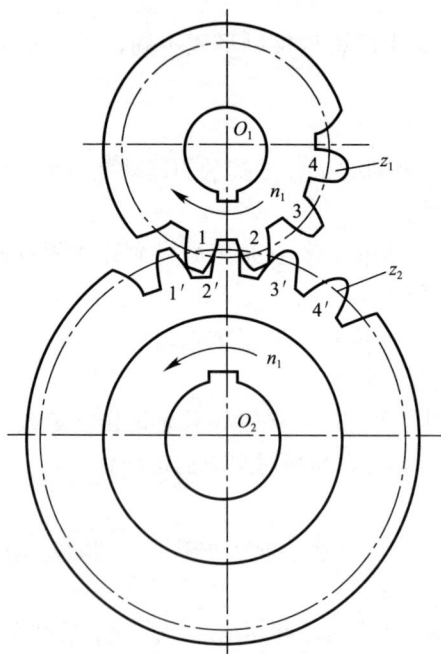

图 1-28　齿轮传动

O_2 的轮齿 1′、2′、3′、4′、…，使从动轮转动，从而将主动轮的动力和运动传递给从动轮。

（2）传动比

如图 1-28 所示，在一对齿轮中，设主动齿轮的转速为 n_1，齿数为 Z_1，从动齿轮的转速为 n_2，齿数为 Z_2，由于是啮合传动，在单位时间里两轮转过的齿数应相等，即 $Z_1 \cdot n_1 = Z_2 \cdot n_2$，由此可得一对齿轮的传动比，见式（1-7）。

$$i_{12} = \frac{n_1}{n_2} = \frac{Z_2}{Z_1} \qquad (1-7)$$

式中　i_{12}——齿轮的传动比；

n_1、n_2——齿轮的转速；

Z_1、Z_2——齿轮的齿数。

上式说明一对齿轮传动比，就是主动齿轮与从动齿轮转速（角速度）之比，与其齿数成反比。若两齿轮的旋转方向相同，规定传动比为正；若两齿轮的旋转方向相反，规定传动比为负，则一对齿轮的传动比可写为：

$$i_{12} = \pm \frac{n_1}{n_2} = \pm \frac{Z_2}{Z_1}$$

（3）齿轮各部分名称和符号，如图 1-29 所示。

1）齿槽：齿轮上相邻两轮齿之间的空间；

2）齿顶圆：通过轮齿顶端所作的圆称为齿顶圆，其直径用 d_a 表示，半径用 r_a 表示；

3）齿根圆：通过齿槽底所作的圆称为齿根圆，其直径用 d_f 表示，半径用 r_f 表示；

4）齿厚：一个齿的两侧端面齿廓之间的弧长称为齿厚，用 s 表示；

5）齿槽宽：一个齿槽的两侧齿廓之间的弧长称为齿槽宽，用 e 表示；

6）分度圆：齿轮上具有标准模数和标准压力角的圆称为分度圆，其直径用 d 表示，半径用 r 表示；对于标准齿轮，分度圆

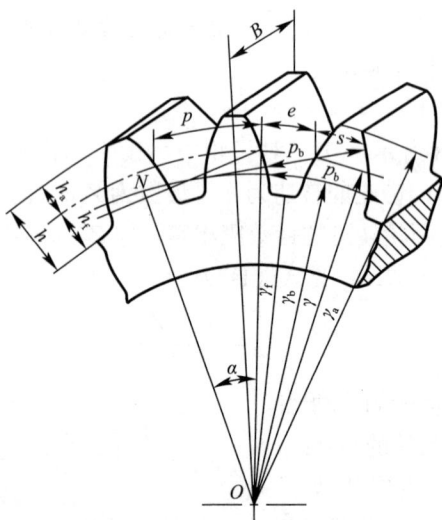

图 1-29　齿轮各部分名称和符号

上的齿厚和槽宽相等；

　　7）齿距：相邻两齿上同侧齿廓之间的弧长称为齿距，用 p 表示，即 $p=s+e$；

　　8）齿高：齿顶圆与齿根圆之间的径向距离称为齿高，用 h 表示；

　　9）齿顶高：齿顶圆与分度圆之间的径向距离称为齿顶高，用 h_a 表示；

　　10）齿根高：齿根圆与分度圆之间的径向距离称为齿根高，用 h_f 表示；

　　11）齿宽：齿轮的有齿部位沿齿轮轴线方向量得的齿轮宽度，用 B 表示。

　　（4）主要参数

　　1）齿数：在齿轮整个圆周上轮齿的总数称为齿数，用 z 表示。

　　2）模数：模数是齿轮几何尺寸计算中最基本的一个参数。齿距除以圆周率所得的商，称为模数，由于 π 为无理数，为了计算和制造上的方便，人为地把 p/π 规定为有理数，用 m 表示，模数单位为 mm，即：$m=p/\pi=d/Z$。

模数直接影响齿轮的大小、轮齿齿形和强度的大小。对于相同齿数的齿轮，模数越大，齿轮的几何尺寸越大，轮齿也大，因此承载能力也越大。

国家对模数值，规定了标准模数系列，见表1-7。

标准模数系列表（mm）　　　　表1-7

第一系列	0.1	0.12	0.15	0.2	0.25	0.3	0.4	0.5	0.6	0.8
	1	1.25	1.5	2	2.5	3	4	5	6	8
	10	12	16	20	25	32	40	50		
第二系列	0.35	0.7	0.9	1.75	2.25	2.75	(3.25)	3.5	(3.75)	4.5	5.5
	(6.5)	7	9	(11)	14	18	22	28	(30)	36	45

注：本表适用于渐开线圆柱齿轮，对斜齿轮是指法面模数；选用模数时，应优先采用第一系列，其次是第二系列，括号内的模数尽量不用。

3）分度圆压力角：通常说的压力角指分度圆上的压力角，简称压力角，用 α 表示。国家标准中规定，分度圆上的压力角为标准值，$\alpha=20°$。

齿廓形状是由齿数、模数、压力角三个因素决定的。

（5）直齿圆柱齿轮传动

1）啮合条件

两齿轮的模数和压力角分别相等。

2）中心距

一对标准直齿圆柱齿轮传动，由于分度圆上的齿厚与齿槽宽相等，所以两齿轮的分度圆相切，且作纯滚动，此时两分度圆与其相应的节圆重合，则标准中心距见式（1-8）。

$$a=r_1+r_2=\frac{m(Z_1+Z_2)}{2} \qquad (1\text{-}8)$$

式中　a——标准中心距；

　r_1、r_2——齿轮的半径；

m——齿轮的模数；

Z_1、Z_2——齿轮的齿数。

（6）齿轮传动的失效形式

齿轮传动过程中，如果轮齿发生折断，齿面损坏等现象，则轮齿就失去了正常的工作能力，称为失效。失效的原因及避免措施见表1-8。

齿轮失效的原因及避免措施 表1-8

比较项目 \ 失效形式	轮齿折断	齿面点蚀	齿面胶合	齿面磨损	齿面塑性变形
引起原因	短时意外的严重过载超过弯曲疲劳极限	很小的面接触、循环变化就会使齿面表层产生细微的疲劳裂纹、微粒剥落而形成麻点	高速重载、啮合区温度升高引起润滑失效，齿面金属直接接触并相互粘连，较软的齿面被撕下而形成沟纹	接触表面间有较大的相对滑动，产生滑动摩擦	低速重载、齿面压力过大
部位	齿根部分	靠近节线的齿根表面	轮齿接触表面	轮齿接触表面	轮齿
避免措施	选择适当的模数和齿宽，采用合适的材料及热处理方法，降低表面粗糙度，降低齿根弯曲应力	提高齿面硬度	提高齿面硬度，降低表面粗糙度，采用黏度大和抗胶合性能好的润滑油	提高齿面硬度，降低表面粗糙度，改善润滑条件，加大模数，尽可能用闭式齿轮传动结构代替开式齿轮传动结构	减小载荷，减少启动频率

常见的轮齿失效形式有：轮齿折断、齿面点蚀、齿面胶合、

齿面磨损、齿面塑性变形等。如图 1-30 所示，为常见的轮齿失效形式。

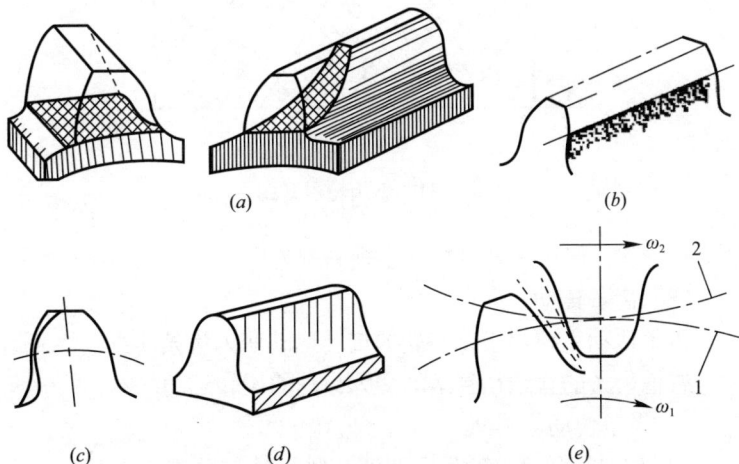

图 1-30 常见的轮齿失效形式
（a）轮齿折断；（b）齿面点蚀；（c）齿面胶合；（d）齿面磨损；
（e）齿面塑性变形

（7）斜齿圆柱齿轮

1）斜齿圆柱齿轮齿面的形成

斜齿圆柱齿轮是齿线为螺旋线的圆柱齿轮。斜齿圆柱齿轮的齿面制成渐开螺旋面。渐开螺旋面的形成，是一平面（发生面）沿着一个固定的圆柱面（基圆柱面）作纯滚动时，此平面上的一条以恒定角度与基圆柱的轴线倾斜交错的直线在空间内的轨迹曲面，如图 1-31 所示。

当其恒定角度 $\beta=0$ 时，则为直齿圆柱渐开螺旋面齿轮（简称直齿圆柱齿轮），当 $\beta\neq0$ 时，则为斜齿圆柱渐开螺旋面齿轮，简称斜齿圆柱齿轮。

2）斜齿圆柱齿轮传动的特点

斜齿圆柱齿轮传动和直齿圆柱齿轮传动一样，仅限于传递两平行轴之间的运动；齿轮承载能力强，传动平稳，可以得到更加

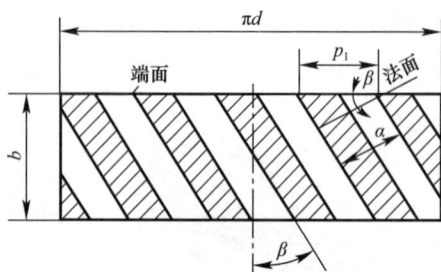

图 1-31 斜齿轮展开图

紧凑的结构；但在运转时会产生轴向推力。

（8）齿条传动

齿条传动主要用于把齿轮的旋转运动变为齿条的直线往复运动，或把齿条的直线往复运动变为齿轮的旋转运动。

1）齿条传动的形式

如图 1-32 所示，在两标准渐开线齿轮传动中，当其中一个齿轮的齿数无限增加时，分度圆变为直线，称为基准线。此时齿顶圆、齿根圆和基圆也同时变为与基准线平行的直线，并分别叫齿顶线、齿根线。这时齿轮中心移到无穷远处。同时，基圆半径也增加到无穷大。这种齿数趋于无穷多的齿轮的一部分就是齿条。因此齿条是具有一系列等距离分布齿的平板或直杆。

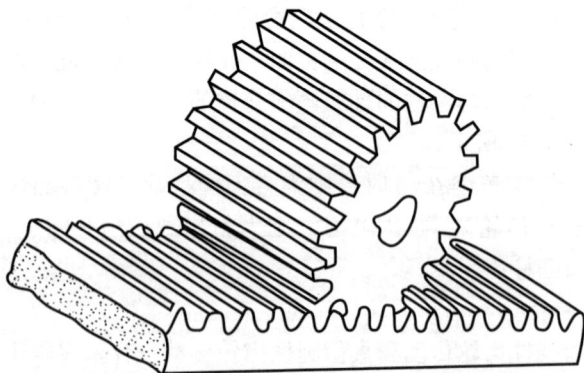

图 1-32　齿条传动

2）齿条传动的特点

由于齿条的齿廓是直线，所以齿廓上各点的法线是平行的。在传动时齿条作直线运动。齿条上各点的速度的大小和方向都一致。齿廓上各点的齿形角都相等，其大小等于齿廓的倾斜角，即齿形角 $\alpha=20°$。

由于齿条上各齿同侧的齿廓是平行的，所以不论在基准线上（中线上）、齿顶线上。还是与基准线平行的其他直线上，齿距都相等，即 $p=\pi m$。

（9）蜗杆传动

蜗杆传动是一种常用的齿轮传动形式，其特点是可以实现大传动比传动，广泛应用于机床、仪器、起重运输机械及建筑机械中。

如图1-33所示，蜗杆传动由蜗杆和蜗轮组成，传递两交错轴之间的运动和动力，一般以蜗杆为主动件，蜗轮为从动件。通

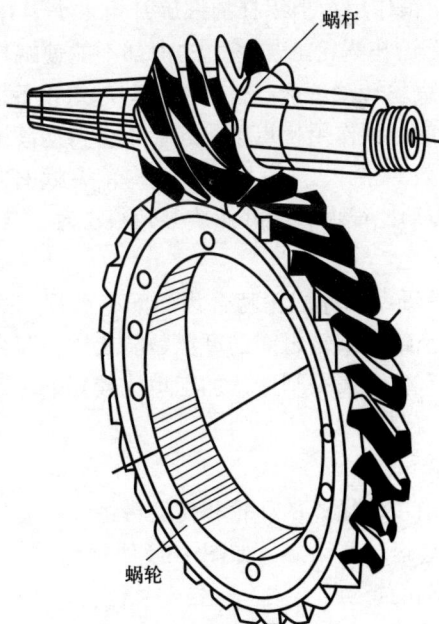

蜗杆

蜗轮

图1-33　蜗杆蜗轮传动

常，工程中所用的蜗杆是阿基米德蜗杆，它的外形很像一根具有梯形螺纹的螺杆，其轴向截面类似于直线齿廓的齿条。蜗杆有左旋、右旋之分，一般为右旋。蜗杆传动的主要特点是：

1）传动比大。蜗杆与蜗轮的运动相当于一对螺旋副的运动，其中蜗杆相当于螺杆，蜗轮相当于螺母。设蜗杆螺纹头数为 z_1，蜗轮齿数为 z_2。在啮合中，若蜗杆螺纹头数 $z_1=1$，则蜗杆回转一周蜗轮只转过一个齿，即转过 $1/z_2$ 转；若蜗杆头数 $z_2=2$，则蜗轮转过 $2/z_2$ 转，由此可得蜗轮杆蜗轮的传动比见式（1-9）。

$$i = \frac{n_1}{n_2} = \frac{z_2}{z_1} \qquad (1-9)$$

2）蜗杆的头数 z_1 很少，仅为 1～4，而蜗轮齿数 z_2 却可以很多，所以能获得较大的传动比。单级蜗杆传动的传动比一般为 8～60，分度机构的传动比可达 500 以上。

3）工作平稳、噪声小。

4）具有自锁作用。当蜗杆的螺旋升角 λ 小于 6° 时（一般为单头蜗杆），无论在蜗轮上加多大的力都不能使蜗杆转动，而只能由蜗杆带动蜗轮转动。这一性质对某些起重设备很有意义，可利用蜗轮蜗杆的自锁作用使重物吊起后不会自动落下。

5）传动效率低。一般阿基米德单头蜗杆传动效率为 0.7～0.9。当传动比很大、蜗杆螺旋升角很小时，效率甚至在 0.5 以下。

6）价格昂贵。蜗杆蜗轮啮合齿面间存在相当大的相对滑动速度，为了减小蜗杆蜗轮之间的摩擦、防止发生胶合，蜗轮一般需采用贵重的有色金属来制造，加工也比较复杂，这就提高了制造成本。

2. 带传动

带传动是由主动轮、从动轮和传动带组成，靠带与带轮之间的摩擦力来传递运动和动力。如图 1-34 所示。

（1）带传动的特点

与其他传动形式相比较，带传动具有以下特点：

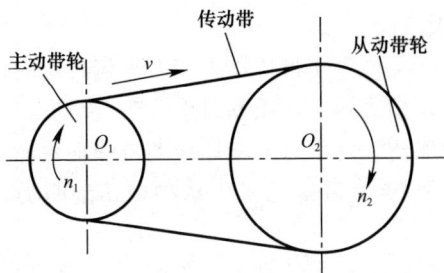

图 1-34 带传动

1）由于传动带具有良好的弹性，所以能缓和冲击、吸收振动，传动平稳，无噪声。但因带传动存在滑动现象，所以不能保证恒定的传动比。

2）传动带与带轮是通过摩擦力传递运动和动力的。因此过载时，传动带在轮缘上会打滑，从而可以避免其他零件的损坏，起到安全保护的作用。但传动效率较低，带的使用寿命短；轴、轴承承受的压力较大。

3）适宜用在两轴中心距较大的场合，但外廓尺寸较大。

4）结构简单，制造、安装、维护方便，成本低。但不适用于高温、有易燃易爆物质的场合。

（2）带传动的类型

带传动可分为平型带传动、V型带传动和同步齿形带传动等。如图 1-35 所示。

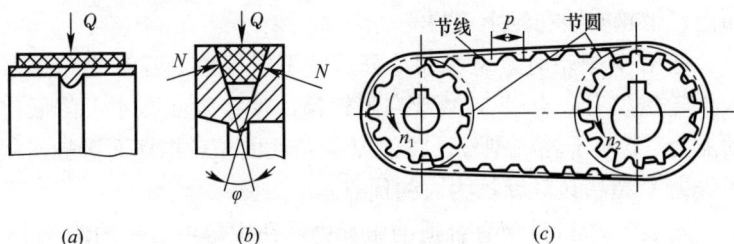

图 1-35　带传动的类型

（a）平型带传动；（b）V型带传动；（c）同步带传动

1）V 型带传动

V 型带传动又称三角带传动，较之平带传动的优点是传动带与带轮之间的摩擦力较大，不易打滑；在电动机额定功率允许的情况下，要增加传递功率只要增加传动带的根数即可。V 型带传动常用的有普通 V 型带传动和窄 V 型带传动两类，常用普通 V 型带传动。

对 V 型带轮的基本要求是：重量轻，质量分布均匀，有足够的强度，安装时对中性良好，无铸造与焊接所引起的内应力。带轮的工作表面应经过加工，使之表面光滑以减少胶带的磨损。

带轮常用铸铁、钢、铝合金或工程塑料等制成。带轮由轮缘、轮毂、轮辐三部分组成，如图 1-37 所示。轮缘上有带槽，它是与 V 型带直接接触的部分，槽数与槽的尺寸应与所选 V 型带的根数和型号相对应。轮毂是带轮与轴配合的部分，轮毂孔内一般有键槽，以便用键将带轮和轴连接在一起。轮辐是连接轮缘与轮毂的部分，其形式根据带轮直径大小选择。当带轮直径很小时，只能做成实心式，如图 1-36（a）所示；中等直径的带轮做成腹板式，如图 1-36（b）所示；直径大于 300mm 的带轮常采用轮辐式，如图 1-36（c）所示。

V 型带传动的安装、使用和维护是否得当，会直接影响传动带的正常工作和使用寿命。在安装带轮时，要保证两轮中心线平行，其端面与轴的中心线垂直，主、从动轮的轮槽必须在同一平面内，带轮安装在轴上不得晃动。

选用 V 型带时，型号和计算长度不能搞错。若 V 型带型号大于轮槽型号，会使 V 型带高出轮槽，使接触面减小，降低传动能力；若小于轮槽型号，将使 V 型带底面与轮槽底面接触，从而失去 V 型带传动摩擦力大的优点。

安装 V 型带时应有合适的张紧力，在中等中心距的情况下，用大拇指按下 1.5cm 即可；同一组 V 型带的实际长短相差不宜过大，否则易造成受力不均匀现象，以致降低整个机构的工作能

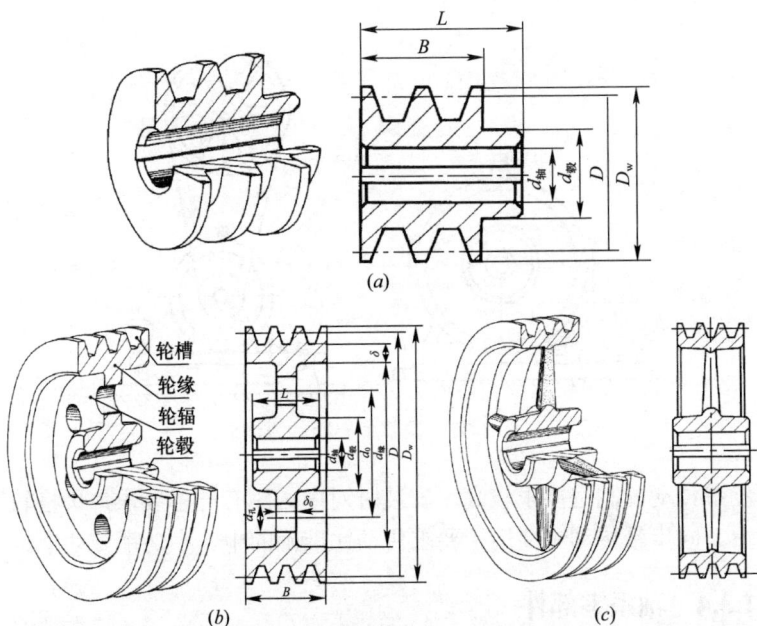

图 1-36　带轮

（a）实心式；（b）腹板式；（c）轮辐式

力。V 型带在使用一段时间后，由于长期受拉力作用会产生永久变形，使长度增加而造成 V 型带松弛，甚至不能正常工作。

为了使 V 型带保持一定的张紧程度和便于安装，常把两带轮的中心距做成可调整的，如图 1-37 所示。

V 型带经过一段时间使用后，如发现不能使用时要及时更换，且不允许新旧带混合使用，以免造成载荷分布不均。更换下来的 V 型带如果其中有的仍能继续使用，可在使用寿命相近的 V 型带中挑选长度相等的进行组合。

2）同步带传动

同步带传动是一种啮合传动，依靠带内周的等距横向齿与带轮相应齿槽间的啮合来传递运动和动力。同步带传动工作时带与带轮之间无相对滑动，能保证准确的传动比。传动效率可达 0.98；传动比较大，可达 12～20；允许带速可高至 50m/s。但同

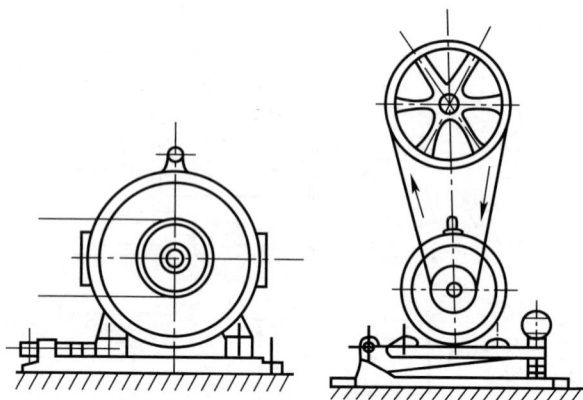

图 1-37　调整中心距的方法

步带传动的制造要求较高，安装时对中心距有严格要求，价格较贵。同步带传动主要用于要求传动比准确的中、小功率传动中。

1.3.4　轴系零部件

1. 轴

轴是组成机器中的最基本的和主要的零件，一切作旋转运动的传动零件，都必须安装在轴上才能实现旋转和传递动力。

（1）常用轴的种类

按照轴的轴线形状不同，可以把轴分为曲轴如图 1-38（*a*）和直轴如图 1-38（*b*）、（*c*）两大类。曲轴可以将旋转运动改变为往复直线运动或者作相反的运动转换。直轴应用最为广泛，直轴按照其外形不同，可分为光轴如图 1-38（*b*）和阶梯轴如图 1-38（*c*）两种。

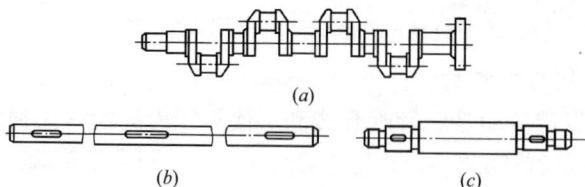

（*a*）

（*b*）　　　　　　　　　　　　（*c*）

图 1-38　轴

（*a*）曲轴；（*b*）光轴；（*c*）阶梯轴

按照轴的所受载荷不同，可将轴分为心轴、转轴和传动轴三类。

1）心轴：通常指只承受弯矩而不承受转矩的轴。如自行车前轴。

2）转轴：既受弯矩又受转矩的轴。转轴在各种机器中最为常见。

3）传动轴：只受转矩不受弯矩或受很小弯矩的轴。车床上的光轴、连接汽车发动机输出轴和后桥的轴，均是传动轴。

（2）轴的结构

轴主要由轴颈、轴头、轴身和轴肩、轴环构成，如图1-39所示。

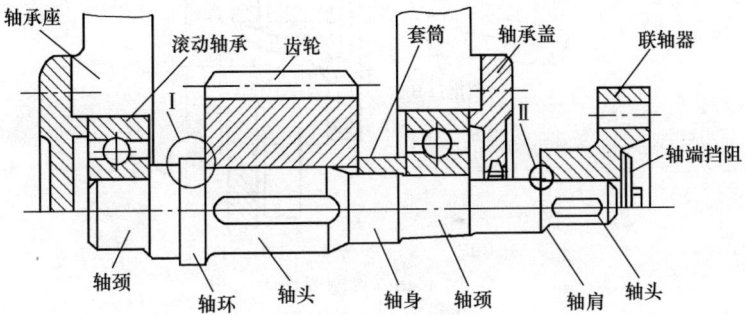

图 1-39 轴的结构

2. 轴上零件的固定

轴上零件的固定可分为周向固定和轴向固定。

（1）周向固定

不允许轴与零件发生相对转动的固定，称为周向固定。常用的固定方法有楔键联接、平键联接、花键联接和过盈配合联接等。

1）楔键联接

楔键如图1-40（a）所示，沿键长一面制成1∶100斜度，在轴上平行于轴线开平底键槽，轮毂上制成1∶100斜度的键槽，装配时沿轴向将楔键打入键槽，依靠键的上下两面与键槽挤紧产生的摩擦力，将轴与轮毂联接在一起。键的两侧面与键槽之间留有间隙。

楔键联接方法简单，即使轴与轮毂之间有较大的间隙也能靠楔紧作用将轴与轮毂联成一体，但由于打入了楔键从而破坏了轴与轮毂的对中性，同时在有震动的场合下易松脱，所以楔键不适用于高速、精密的机械，只适用于低速轴上零件的联接。为防止键的钩头外伸，应加防护罩，如图1-40（b）所示，以免发生事故。

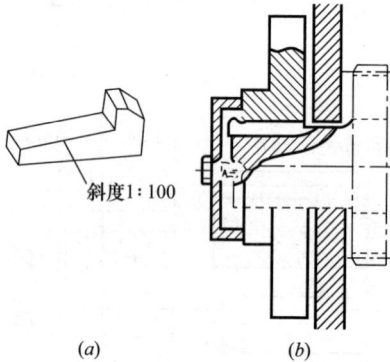

斜度1∶100

（a）   （b）

图1-40　楔键联接

2）平键联接

平键是一个截面为矩形的长六面体，键的两个侧面与键槽紧密配合，顶面与轮毂键槽间留有间隙，主要靠两侧面来传递扭矩，其联接方法见图1-41（a）平键制造简单、装拆方便，有较好的对中性，故应用普遍。当零件需沿轴向移动时，可用导向键（滑键）联接，如图1-41（b）所示，导向键用螺钉固定在轴上，零件可以沿其两侧面顺轴向移动。

3）花键联接

花键联接由花键轴与花键槽构成，如图1-42所示，常用传递大扭矩、要求有良好的导向性和对中性的场合。花键的齿形

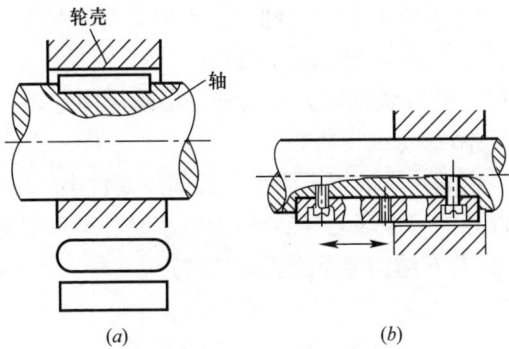

图 1-41　平键联接

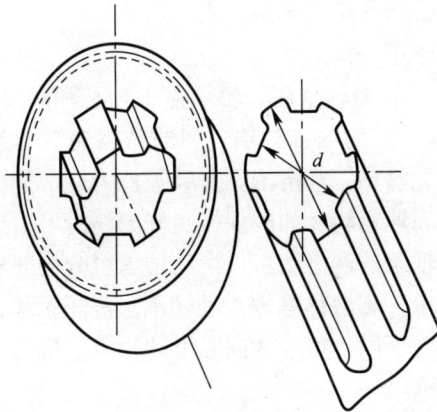

图 1-42　花键联接

有矩形、三角形及渐开线齿形等三种，矩形键加工方便，应用较广。

4）过盈配合联接

过盈配合联接的特点是轴的实际尺寸比孔的实际尺寸大，安装时利用打入、压入、热套等方法将轮毂装在轴上，通常用于有震动、冲击和不需经常装拆的场合。

（2）轴向固定

不允许轴与零件发生相对的轴向移动的固定，称为轴向固定。常用的固定方法有轴肩、螺母、定位套筒和弹性挡圈等。

1）轴肩，用于单方向的轴向固定。

2）螺母，轴端或轴向力较大时可用螺母固定。为防止螺母松动，可采用双螺母或带翅垫圈。

3）定位套筒，一般用于两个零件间距离较小的场合。

4）弹性挡圈（卡环），当轴向力较小时，可采用弹性挡圈进行轴向定位，具有结构简单、紧凑等特点。

3. 轴承

轴承是用于支承轴颈的部件，它能保证轴的旋转精度，减小转动时轴与支承间的摩擦和磨损。根据轴承摩擦性质的不同，轴承可分为滑动轴承和滚动轴承两类。

（1）滑动轴承

滑动轴承一般由轴承座、轴承盖、轴瓦和润滑装置等组成，如图 1-43 所示。滑动轴承与轴之间的摩擦为滑动摩擦，其工作可靠、平稳且无噪声，润滑油具有吸振能力，故能受较大的冲击载荷，能用于高速运转，如能保持良好的润滑可以提高机器的传动效率。根据轴承的润滑状态，滑动轴承可分为非液体摩擦滑动轴承（动压轴承）和液体摩擦滑动轴承（静压轴承）两大类；按照所受载荷方向不同，可分为向心滑动轴承、推力滑动轴承和向心推力滑动轴承。

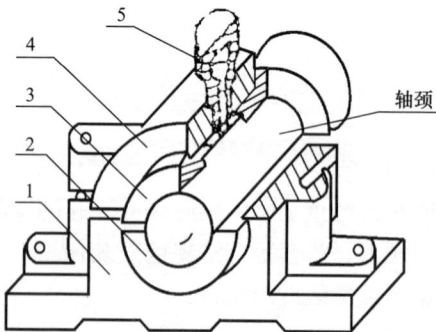

图 1-43　滑动轴承
1—轴承座；2、3—轴瓦；4—轴承盖；5—润滑装置

非液体摩擦滑动轴承是在轴颈和轴瓦表面,由于润滑油的吸附作用而形成一层极薄的油膜,它使轴颈与轴瓦表面有一部分接触,另一部分被油膜隔开。一般常见的滑动轴承大都属于这一种。液体摩擦滑动轴承的油膜较厚,使接触面完全脱离接触,它的摩擦系数约为 0.001～0.008。这是一种比较理想的摩擦状态。由于这种轴承的摩擦状态要求较高,不易实现,因此只有在很重要的设备中才采用。

轴瓦是滑动轴承和轴接触的部分,是滑动轴承的关键元件。一般用轴承合金(锡基轴承合金、铅基轴承合金)、铜合金(铸造锡锌铅青铜等)等耐磨材料制成,滑动轴承工作时,轴瓦与转轴之间要求有一层很薄的油膜起润滑作用。如果由于润滑不良,轴瓦与转轴之间就存在直接的摩擦,摩擦会产生很高的温度,虽然轴瓦是由于特殊的耐高温合金材料制成,但发生直接摩擦产生的高温仍然足于将其烧坏。轴瓦还可能由于负荷过大、温度过高、润滑油存在杂质或黏度异常等因素造成烧瓦。轴瓦分为整体式、剖分式和分块式三种,如图 1-44 所示。

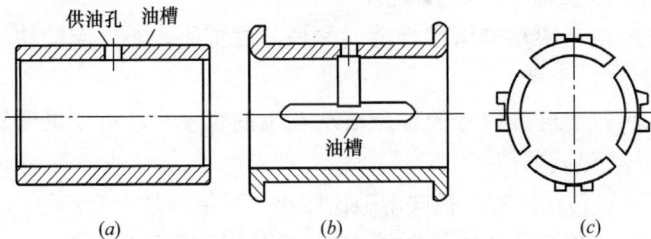

图 1-44 轴瓦的结构
(a) 整体式轴瓦;(b) 剖分式轴瓦;(c) 分块式轴瓦

为了使润滑油能流到轴承整个工作表面上,轴瓦的内表面需开出油孔和油槽,油孔和油槽不能开在承受载荷的区域内,否则会降低油膜承载能力。油槽的长度一般取轴瓦宽度的 80%。

(2)滚动轴承

滚动轴承由内圈、外圈、滚动体和保持架组成,如图 1-45

所示。一般内圈装在轴颈上，与轴一起转动，外圈装在机器的轴承座孔内固定不动。内外圈上设置有滚道，当内外圈相对旋转时，滚动体沿着滚道滚动。按照滚动体的形状不同，滚动轴承可分为滚珠轴承和滚柱轴承；若按轴承载荷的类型不同可分为向心轴承和推力轴承两大类。

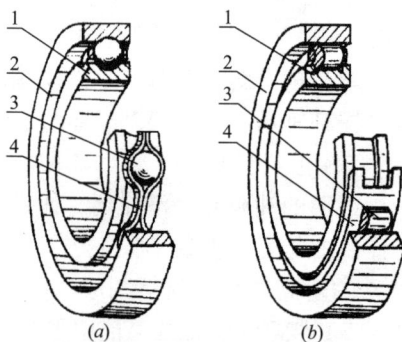

图 1-45　滚动轴承构造
（a）滚珠轴承；（b）滚柱轴承

1）滚动轴承有以下特点：

① 由于滚动摩擦代替滑动摩擦，摩擦阻力小、起动快，效率高；

② 对于同一尺寸的轴颈滚动轴承的宽度小，可使机器轴向尺寸小，结构紧凑；

③ 运转精度高，径向游隙比较小并可用预紧完全消除；

④ 冷却、润滑装置结构简单、维护保养方便；

⑤ 不需要用有色金属，对轴的材料和热处理要求不高；

⑥ 滚动轴承为标准化产品，统一设计、制造、大批量生产、成本低；

⑦ 点、线接触，缓冲、吸振性能较差，承载能力低，寿命低，易点蚀。

2）在安装滚动轴承时，应当注意以下事项：

① 必须确保安装表面和安装环境的清洁，不得有铁屑、毛

刺、灰尘等异物进入；

② 用清洁的汽油或煤油仔细清洗轴承表面，除去防锈油，再涂上干净优质润滑油脂方可安装，全封闭轴承不须清洗加油；

③ 选择合适的润滑剂，润滑剂不得混用；

④ 轴承充填润滑剂的数量以充满轴承内部空间 1/2～1/3 为宜，高速运转时应减少到 1/3；

⑤ 安装时切勿直接锤击轴承端面和非受力面，应以压块、套筒或其他安装工具使轴承均匀受力，切勿通过滚动体传动力安装。

4. 联轴器

用来联接不同机构中的两根轴（主动轴和从动轴）使之共同旋转以传递扭矩的机械零件。在高速重载的动力传动中，有些联轴器还有缓冲、减振和提高轴系动态性能的作用。联轴器由两半部分组成，分别与主动轴和从动轴联接。一般动力机大都借助于联轴器与工作机相联接。常用的联轴器可分为刚性联轴器、弹性联轴器和安全联轴器三类。

（1）刚性联轴器

刚性联轴器是通过若干刚性零件将两轴联接在一起，可分为固定式和可移式两类。这类联轴器结构简单、成本较低，但对中性要求高，一般用于平稳载荷或只有轻微冲击的场合。

如图 1-46 所示，凸缘式联轴器是一种常见的刚性固定式联

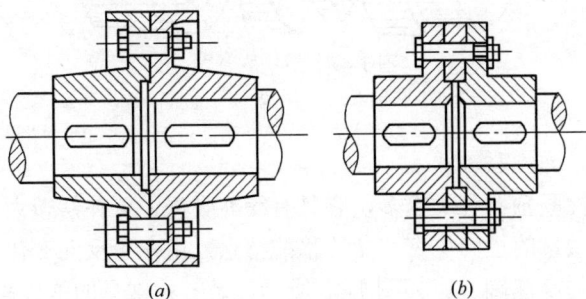

(a)   (b)

图 1-46　凸缘联轴器

轴器。凸缘联轴器由两个带凸缘的半联轴器用键分别和两轴联在一起，再用螺栓把两半联轴器联成一体。凸缘联轴器有两种对中方法：一种是用半联轴器结合端面上的凸台与凹槽相嵌合来对中，如图1-46（a）所示；另一种是用部分环配合对中，如图1-46（b）所示。

如图1-47所示，滑块联轴器是一种常见的刚性移动式联轴器。它由两个带径向凹槽的半联轴器和一个两面具有相互垂直的凸榫的中间滑块所组成，滑块上的凸榫分别和两个半联轴器的凹槽相嵌合，构成移动副，故可补偿两轴间的偏移。为减少磨损、提高寿命和效率，在榫槽间需定期施加润滑剂。当转速较高时，由于中间滑块的偏心将会产生较大的离心惯性力，给轴和轴承带来附加载荷，所以只适用于低速、冲击小的场合。

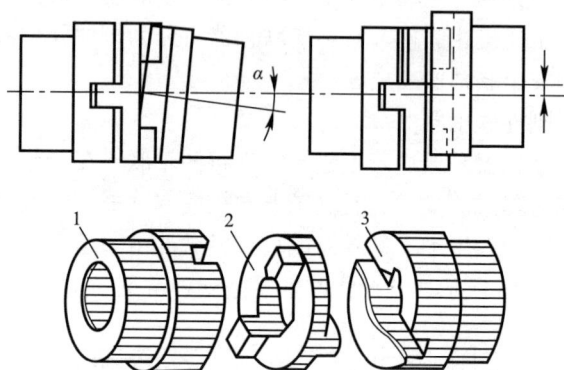

图1-47　滑块联轴器
1—半联轴器；2—滑块；3—半联轴器

（2）弹性联轴器

弹性联轴器种类繁多，它具有缓冲吸振，可补偿较大的轴向位移，微量的径向位移和角位移的特点，用在正反向变化多、启动频繁的高速轴上。如图1-48所示，是一种常见的弹性联轴器，它由两个半联轴器、柱销和胶圈组成。

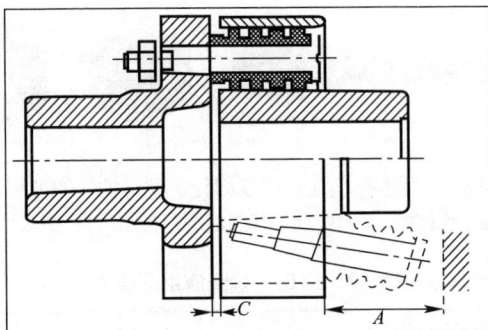

图 1-48　弹性联轴器

1.3.5　螺栓联接和销联接

1. 螺栓联接

螺栓是由头部和螺杆（带有外螺纹的圆柱体）两部分组成的一类紧固件，需与螺母配合，用于紧固联接两个带有通孔的零件。这种联接形式称为螺栓联接，属于可拆卸联接。

按联接的受力方式，可分为普通螺栓和铰制孔用螺栓。铰制孔用螺栓无螺纹部分与铰制孔的配合公差一般为 H7/m6，属于基孔制过渡配合（间隙非常小），主要用于承受剪切力（横向力）。

按头部形状，可分为六角头、圆头、方形头和沉头螺栓等，其中六角头螺栓是最常用的一种。按照螺栓性能等级，分为高强度螺栓和普通螺栓。

高强度螺栓一般是指螺栓的性能等级为 8.8 级及以上的螺栓及其连接副。高强度螺栓以及与之配套的螺母、垫圈称为高强度螺栓连接副。高强度螺栓应采用双螺母防松，两个螺母宜相同；在被连接件的螺母端和螺栓头部应各设置一个垫圈。高强度螺栓、螺母及垫圈的品种、规格及性能等级应符合设计要求，不应采用性能等级低的或普通产品替代。高强度螺栓连接副及螺栓、螺母的性能等级标识，如图 1-49 所示。

高强度螺栓、螺母、垫圈的使用配合见表 1-9。

图 1-49　高强度螺栓连接副及螺栓、螺母的性能等级标识

（a）高强度螺栓连接副；（b）螺栓头部性能等级标识；（c）螺母性能等级标识

高强度螺栓、螺母、垫圈使用配合表　　　　表 1-9

类别	螺栓	螺母	垫圈			
性能等级	8.8	8	硬度等级	200HV	硬度范围	200HV～300HV
	10.9	10		300HV		300HV～370HV

高强度螺栓应通过扭矩法或延伸法等紧固方法，使高强度螺栓达到设计要求的预紧扭矩或预紧力。高强度螺栓连接副安装紧固后，螺栓外露螺纹应为2～5倍的螺距（2～5丝）。

2. 销轴联接

销轴联接用来固定零件间的相互位置。根据销轴与轴孔有无相对转动，销轴与被固定零件轴孔间应设置轴向定位或轴向加径向定位。

销轴的轴向定位一般采用开口销，如图1-50（a）所示。轴向加径向定位一般采用轴端卡板，如图1-50（b）所示。

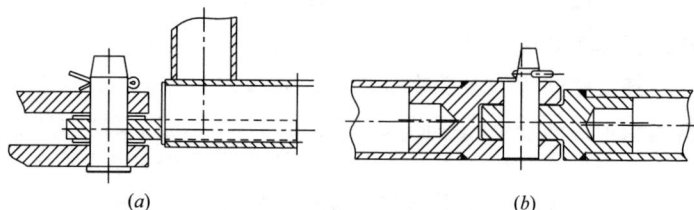

图 1-50　销轴联接

（a）轴向定位；（b）轴向加径向定位

（1）销轴的分类

销轴一般有圆柱销和圆锥销两种。

圆柱销联接不宜经常装拆，否则会降低定位精度或联接的紧固性。

圆锥销有 1：50 的锥度，小头直径为标准值。圆锥销易于安装，定位精度高于圆柱销。如图 1-51 所示。

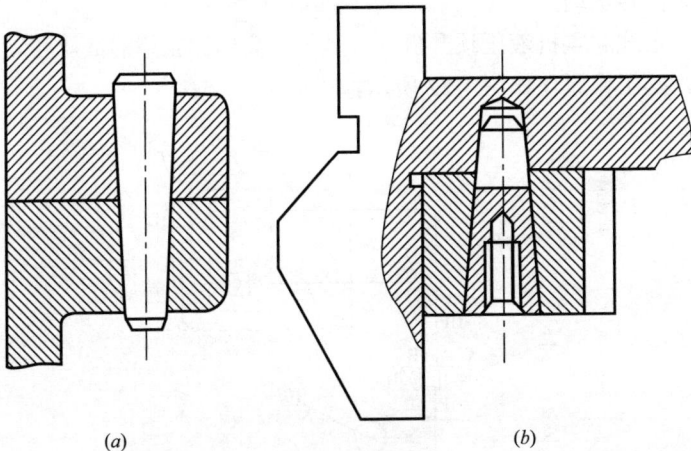

(a) (b)

图 1-51　圆锥销

圆柱销和圆锥销孔均需铰制。销轴与轴孔无相对转动时，圆柱销轴与连接孔的配合一般为 H9/c9，属于基孔制间隙配合，根据销轴直径的不同，间隙一般在 0.2～0.7mm。轴孔之间的间隙由于承载等原因逐渐变大，当超过 1mm 时，应更换销轴或修复轴孔。

（2）销的选择。用于联接的销，可根据联接的结构特点按经验确定直径，必要时再作强度校核。销的材料一般采用 35 号或 45 号钢。

1.4　液压传动知识

在塔式起重机的顶升机构中广泛使用液压传动系统。

1.4.1 液压传动的基本原理

液压系统利用液压泵将机械能转换为液体的压力能,再通过各种控制阀和管路的传递,借助于液压执行元件(缸或马达)把液体压力能转换为机械能,从而驱动工作机构,实现直线往复运动和回转运动。

塔式起重机液压顶升机构,是一个简单、完整的液压传动系统,其工作原理如图 1-52 所示。

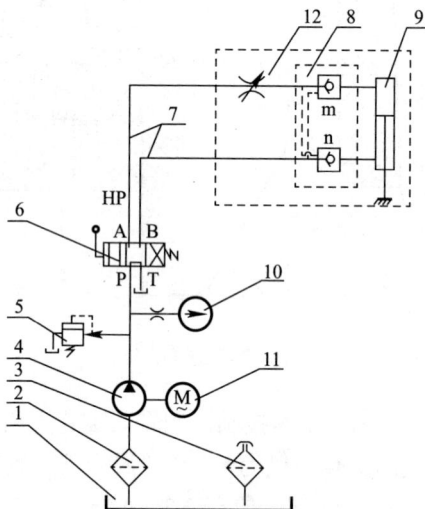

图 1-52   液压系统原理图

1—油箱; 2—滤油器; 3—空气滤清器; 4—液压泵; 5—溢流阀; 6—手动换向阀;
7—HP(高压胶管); 8—双向液压锁; 9—顶升油缸; 10—压力表;
11—电机; 12—节流阀

推动油缸活塞杆伸出时,手动换向阀 6 处于上升位置(图示左位),液压泵 4 由电机带动旋转后,从油箱 1 中吸油,油液经滤油器 2 进入液压泵 4,由液压泵 4 转换成压力油 P → A → HP(高压胶管 7)→ 节流阀 12 → 液控单向阀 m → 油缸无杆腔,推动缸筒上升,同时打开液控单向阀 n,以便回油反向流动。回油:有杆腔 → 液控单向阀 n → HP(高压胶管 7)→ 手动换向阀 B 口 → T

口→油箱。

推动油缸活塞杆收缩时，手动换向阀 6 处于下降位置（图示右位），压力油 P 口→ B → HP（高压胶管 7）→液控单向阀 n →油缸有杆腔，同时压力油也打开液控单向阀 m，以便回油反向流动。回油：油缸无杆腔→液控单向阀 m → HP（高压胶管 7）→手动换向阀 A 口→ T 口→油箱。

卸荷：手动换向阀 6 处于中间位置。电机 11 启动，油泵 4 工作，油液经滤油器 2 进入油泵 4，再到换向阀 6 中间位置 P → T 回到油箱 1，此时系统处于卸荷状态。

1.4.2　液压传动系统的组成

液压传动系统由动力装置、执行装置、控制装置、辅助装置和工作介质等组成。

（1）动力装置，它供给液压系统压力，并将原动机输出的机械能转换为油液的压力能，从而推动整个液压系统工作，最常见的形式就是液压泵，它给液压系统提供压力。

（2）执行装置，把液压能转换成机械能的装置，常见的为液压缸及液压马达，以驱动工作部件运动。

（3）控制装置，包括各种阀类，如压力阀、流量阀和方向阀等，用来控制液压系统的液体压力、流量（流速）和方向，以保证执行元件完成预期的工作运动。

（4）辅助装置，指各种管接头、油管、油箱、过滤器和压力计等，起连接、储油、过滤和测量油压等辅助作用，以保证液压系统可靠、稳定、持久地工作。

（5）工作介质，指在液压系统中，承受压力并传递压力的油液，一般为矿物油，统称为液压油。

1.4.3　液压油的特性及选用

液压油是液压系统的工作介质，也是液压元件的润滑剂和冷却剂，液压油的性质对液压传动性能有明显地影响。因此有必要了解有关液压油的性质、要求和选用方法。选择液压油时应当遵循以下的基本要求：

（1）黏度适当，且黏度随温度的变化值要小；

（2）化学稳定性好，在高温、高压等情况下能保持原有化学成分；

（3）质地纯净，杂质少；

（4）燃点高，凝固点低；

（5）润滑性能好，对人体无害，成本低。

1.4.4 液压系统主要元件

1. 液压泵

液压泵是液压系统的动力元件，其作用是将原动机的机械能转换成液体的压力能。液压泵的结构形式一般有齿轮泵、叶片泵和柱塞泵。其中，齿轮泵被广泛用于塔式起重机顶升机构。齿轮泵在结构上可分为外啮合齿轮泵和内啮合齿轮泵两种，常用的是外啮合齿轮泵。

如图 1-53 所示，外啮合齿轮泵的最基本形式，是两个尺寸相同的齿轮在一个紧密配合的壳体内相互啮合旋转，这个壳体的

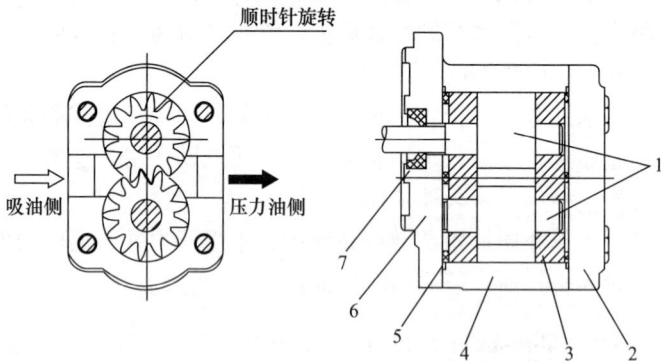

图 1-53 齿轮泵

1—工作齿轮；2—后端盖；3—轴承体；4—铝质泵体；
5—密封圈；6—前端盖；7—轴封衬

内部类似"8"字形，齿轮的外径及两侧与壳体紧密配合，组成了许多密封工作腔。当齿轮按一定的方向旋转时，一侧吸油腔由于相互啮合的齿轮逐渐脱开，密封工作容积逐渐增大，形成部分真空，因此油箱中的油液在外界大气压的作用下，经吸油管进入吸油腔，将齿间槽充满，并随着齿轮旋转，把油液带到右侧的压油腔内。在压油区的一侧，由于齿轮在这里逐渐进入啮合，密封工作腔容积不断减小，油液便被挤出去，从压油腔输送到压油管路中去。这里的啮合点处的齿面接触线一直起着隔离高、低压腔的作用。

外啮合齿轮泵的优点是：结构简单，尺寸小，重量轻，制造方便，价格低廉，工作可靠，自吸能力强（容许的吸油真空度大），对油液污染不敏感，维护容易；缺点是：一些机件承受不平衡径向力，磨损严重，内泄大，工作压力的提高受到限制。此外，它的流量脉动大，因而压力脉动和噪声都较大。

2. 液压缸

液压缸一般用于实现往复直线运动或摆动，将液压能转换为机械能，是液压系统中的执行元件。

（1）液压缸的形式

液压缸按结构形式可分为活塞缸、柱塞缸等。活塞缸和柱塞缸实现往复直线运动，输出推力或拉力。液压缸按油压作用形式又可分为单作用式和双作用式液压缸。单作用式液压缸只有一个外接油口输入压力油，液压作用力仅作单向驱动，而反行程只能在其他外力的作用下完成，如图 1-54（a）所示；双作用式液压缸是分别由液压缸两端外接油口输入压力油，靠液压油的进出推动液压杆的运动，如图 1-54（b）所示。

塔式起重机的液压顶升系统多使用单出杆双作用活塞式液压缸，如图 1-54（c）所示。

（2）液压缸的密封

主要指活塞与缸体、活塞杆与端盖之间的动密封以及缸体与端盖之间的静密封。密封性能的好坏将直接影响其工作性能和

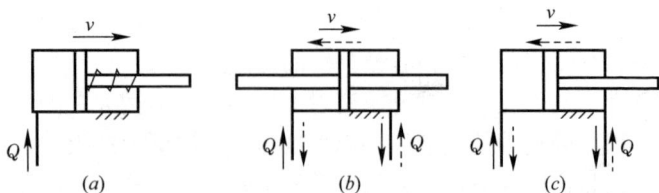

图 1-54　液压缸
（a）单作用式液压缸;（b）双作用式液压缸（双出杆）;
（c）双作用式液压缸（单出杆）

效率。因此，要求液压缸在一定的工作压力下具有良好的密封性
能，且密封性能应随工作压力的升高而自动增强。此外还要求密
封元件结构简单、寿命长、摩擦力小等。常用的密封方法有间隙
密封和密封圈的密封。

（3）液压缸的排气

液压缸中如果有残留空气，将引起活塞运动时的爬行和振动，
产生噪声和发热，甚至使整个系统不能正常工作，因此应在液压
缸上增加排气装置。常用的排气装置为排气塞结构，如图 1-55 所
示。排气装置应安装在液压缸的最高处。工作之前先打开排气

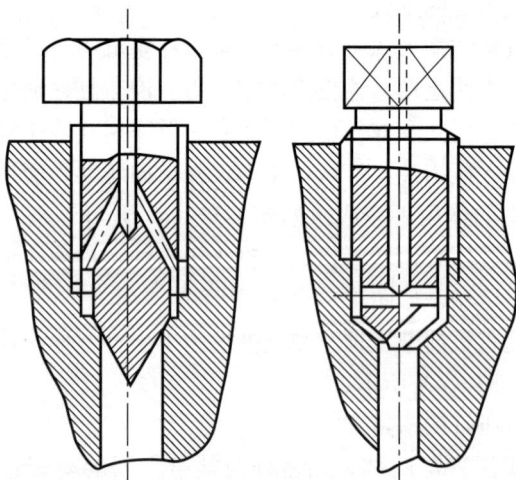

图 1-55　液压缸的排气塞

塞，让活塞空载作往返移动，直至将空气排干净为止，然后拧紧排气塞进行工作。

3. 双向液压锁

双向液压锁（液压系统平衡阀）广泛应用于工程机械及各种液压装置的保压油路中，一般情况下多见于油缸的保压。

双向液压锁安装在液压缸上端部。液压锁主要为了防止油管破损等原因导致系统压力急速下降，锁定液压缸，防止事故发生，如图 1-56 所示。其工作原理如下：当进油口 B 进油时，液压油正向打开单向阀 1 从 D 口进入油缸，推动油缸上升，油缸的回油经双向锁 C 口进入锁内，从 A 口排出（此时滑阀已将左边单向阀 2 打开），当 B 口停止进油时，单向阀 1 关闭，油缸内高压油不能从 D 口倒流，油缸保压。

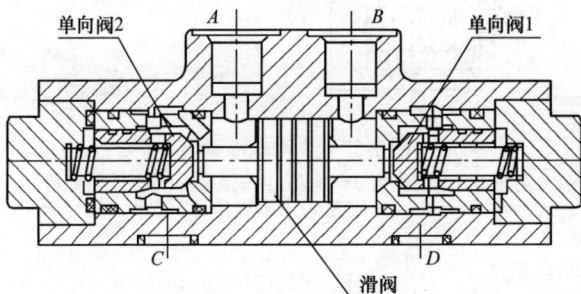

图 1-56　双向液压锁

4. 溢流阀

溢流阀是一种液压压力控制阀，通过阀口的溢流，使被控制系统压力维持恒定，实现稳压、调压或限压作用。

（1）定压溢流作用

在液压系统中，定量泵提供的是恒定流量。当系统压力增大时，会使流量需求减小。此时溢流阀开启，使多余流量溢回油箱，保证溢流阀进口压力，即泵出口压力恒定。塔机液压系统中的溢流阀已调定，用户不用再调。

（2）安全保护作用

系统正常工作时，阀门关闭。只有系统压力超过调定压力时开启溢流，进行过载保护，使系统压力不再增加。

溢流阀分直动式溢流阀和先导式溢流阀两种。直动式溢流阀，由阀体、阀芯、调压弹簧、弹簧座、调节螺母等组成，如图1-57所示。

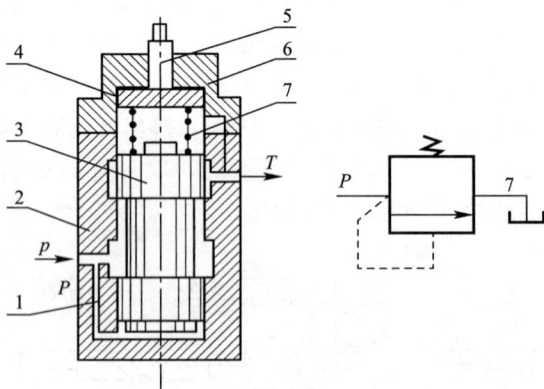

图1-57　直动式溢流阀
1—阻尼孔；2—阀体；3—阀芯；4—弹簧座；5—调节螺杆；
6—阀盖；7—调压弹簧

5. 换向阀

换向阀是借助于阀芯与阀体之间的相对运动来改变油液流动方向的阀类。按阀芯相对于阀体的运动方式不同，换向阀可分为滑阀（阀芯移动）和转阀（阀芯转动）。按阀体连通的主要油路数不同，换向阀可分为二通、三通、四通等；按阀芯在阀体内的工作位置数不同，换向阀可分为二位、三位、四位等；按操作方式不同，换向阀可分为手动、机动、电磁动、液动、电液动等；按阀芯的定位方式不同，换向阀可分为钢球定位和弹簧复位两种。

三位四通阀，如图1-58所示，阀芯有三个工作位置左、中、右，阀体上有四个通路O、A、B、P（P为进油口，O为回油口，A、

B 为通往执行元件两端的油口）。当阀芯处于中位时（图 1-58a），各通道均堵住，油缸两腔既不能进油，又不能回油，此时活塞锁住不动。当阀芯处于左位时（图 1-58b），压力油从 P 口流入，A 口流出，回油从 B 口流入，O 口流回油箱。当阀芯处于右位时（图 1-58c），压力油从 P 口流入，B 口流出，回油由 A 口流入，O 口流回油箱。

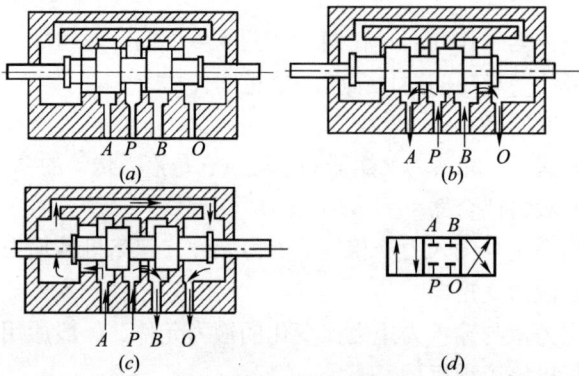

图 1-58　三位四通阀
（a）滑阀处于中位；（b）滑阀移到左边；（c）滑阀移到右边；（d）图形符号

6. 流量控制阀

流量控制阀是通过改变液流的通流截面来控制系统工作流量，以改变执行元件运动速度的阀，简称流量阀。常用的流量阀有节流阀和调速阀等。普通节流阀结构图，如图 1-59 所示。

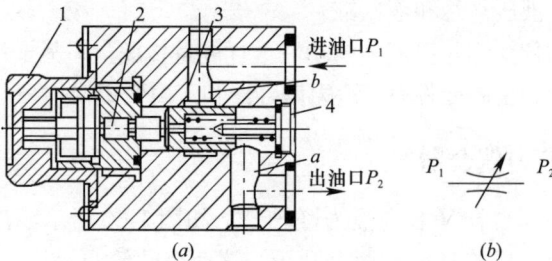

图 1-59　普通节流阀
1—调节手柄；2—推杆；3—阀芯；4—弹簧

1.5　液力传动知识

在塔式起重机的回转机构中广泛使用的液力偶合器即为液力传动。

1.5.1　液力传动的基本原理

1. 液力传动

以液体为工作介质，在两个或两个以上的叶轮组成的工作腔内，用液体动量矩的变化来传递能量的传动方式。

2. 液力元件

液力偶合器和液力变矩器的总称。它是液力传动的基本单元。

（1）液力偶合器

输出力矩与输入力矩相等的液力元件（忽略机械损失）。

（2）液力变矩器

输出力矩与输入力矩之比变化的液力元件。一般应用于装载机、挖掘机等工程机械。

3. 液压传动与液力传动的区别

液压传动与液力传动虽然都是以液体为工作介质的能量转换装置，但这两种传动的工作原理、组成传动系的零部件、结构形式、工作特性和使用场合等都不一样。

简单来说，液压传动是以液体的静压力按照容积变化相等的原理进行能量传递，即基于水力学的帕斯卡定理。主要元件有：泵、阀、液压马达和液压缸。

液力传动则是以液体的动能进行能量传递，即基于水力学的欧拉方程。主要元件有：液力偶合器和液力变矩器。

1.5.2　液力偶合器

液力偶合器又名为液力联轴节，如图 1-60 所示。液力偶合器的主要工作构件就是两个叶轮。这两个叶轮的形状是相同的，均采用铸造的径向直叶片。

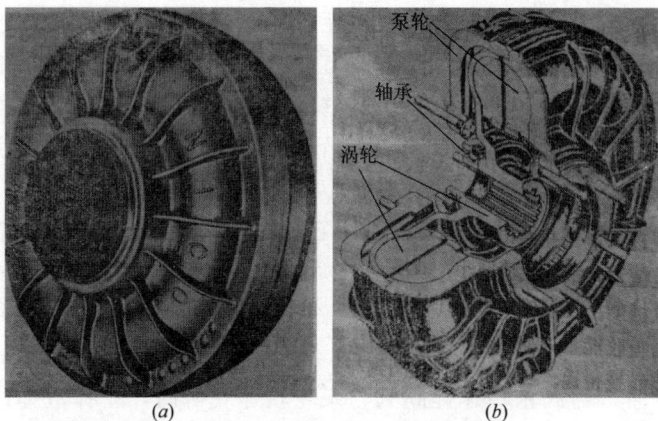

图 1-60　液力偶合器的外观和剖视图

（a）上图 - 外观图；（b）下图 - 剖视图

液力偶合器的工作过程可用图 1-61 所示简图说明。

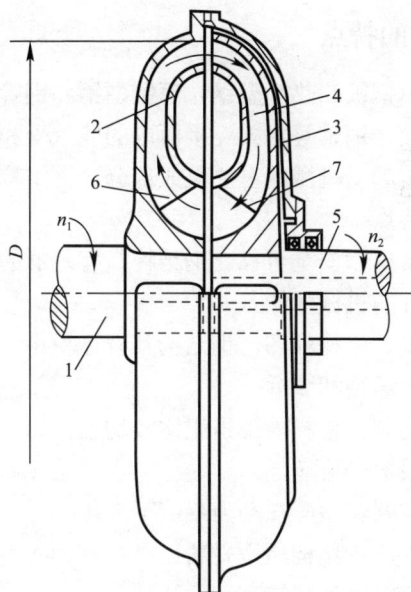

图 1-61　液力偶合器示意图

1—输入轴；2—泵轮；3—泵轮壳；4—涡轮；5—从动轴；6、7—叶片泵轮 2 与电动机输出轴相连，并随同一起旋转，这是液力偶合器的主动元件。泵轮内的工作液体受到泵轮叶片给予的能量后，产生离心力，迫使液体向外缘流动，从而使工作液体的速度和压力增大，把原动机的机械能转变为泵轮内工作液体的动能和压力能；与从动轴 5 相连的涡轮 4 是液力偶合器的从动元件，由泵轮流出的液流进入涡轮并冲击它的叶片，同时液流被迫沿涡轮叶片间流道流动，液流速度减小，液体能量转变为液力偶合器从动轴上的机械能。当液体对涡轮做功，降低能量后，又重新回到泵轮吸收能量。如此不断循环，就实现了泵轮与涡轮之间的能量传递。当涡轮转速提高到与泵轮转速相等时，工作液体停止循环。

1.6 钢结构基础知识

1.6.1 钢结构的特点

钢结构是由钢板、热轧型钢、薄壁型钢和钢管等构件通过焊接、铆接和螺栓、销轴等形式连接而成的能承受和传递荷载的结构形式，是建筑起重机械的重要组成部分。钢结构与其他结构相比，具有以下特点：

（1）坚固耐用、安全可靠。钢结构具有足够的强度、刚度和稳定性以及良好的机械性能；

（2）自重小、结构轻巧。钢结构具有体积小、厚度薄、重量轻的特点，便于运输和拆拆；

（3）材质均匀。钢材内部组织比较均匀，力学性能接近各向同性，计算结果比较可靠；

（4）韧性较好，适应在动力载荷下工作；

（5）易加工。钢结构所用材料以型钢和钢板为主，加工制作简便，准确度和精密度都较高。

但钢结构与其他结构相比，也存在抗腐蚀性能和耐火性能较差，以及在低温条件下易发生脆性断裂等缺点。

1.6.2 钢结构的材料

1. 钢结构常用材料

钢结构所采用的材料一般为 Q235 钢、Q345 钢。

钢结构所使用的钢材应当具有较高的强度，塑性、韧性和耐久性好，焊接性能优良、易于加工制造，抗锈性好等。

普通碳素钢 Q235 系列钢，强度、塑性、韧性及可焊性都比较好，是建筑起重机械使用的主要钢材。

低合金钢 Q345 系列钢，是在普通碳素钢中加入少量的合金元素炼成的。其力学性能好，强度高，对低温的敏感性不高，耐腐蚀性能较强，焊接性能也好，用于受力较大的结构中可节省钢材，减轻结构自重。

2. 钢材的类型

钢材有热轧成型及冷轧成型两类。热轧成型的钢材主要有型钢及钢板，冷轧成型的有薄壁型钢及钢管。

按照国家标准规定，型钢和钢板均具有相关的断面形状和尺寸。

（1）热轧钢板

厚钢板，厚度4.5～60mm，宽度600～3000mm，长4～12m；

薄钢板，厚度 0.35～4.0mm，宽度 500～1500mm，长1～6m；

扁钢，厚度 4.0～60mm，宽度 12～200mm，长 3～9m；

花纹钢板，厚度 2.5～8mm，宽度 600～1800mm，长 4～12m。

（2）角钢

分等边与不等边两种。角钢是以其边宽来编号的，例如10 号角钢的两个边宽均为 100mm；10/8 号角钢的边宽分别为 100mm 及 80mm。同一号码的角钢厚度可以不同，我国生产的角钢的长度一般为 4～19m。

（3）槽钢

分普通槽钢和普通低合金轻型槽钢。其型号是以截面高度（cm）来表示的。例如 20 号槽钢的断面高度均为 20cm。我国生产的槽钢一般长度为 5～19m，最大型号为 40 号。

（4）工字钢

分普通工字钢和普通低合金工字钢。因其腹板厚度不同，可分为 α、b、c 三类，型号也是用截面高度（cm）来表示的。我国生产的工字钢长度一般为 5～19m，最大型号 63 号。

（5）钢管

规格以外径表示，我国生产的无缝钢管外径约 38～325mm，壁厚 4～40mm，长度 4～12.5m。

（6）H 型钢

H 型钢规格以高度（mm）×宽度（mm）表示，目前生产的 H 型钢规格 100×100 至 800×300 或宽翼 427×400mm，厚度（指：主筋壁厚）6～20mm，长度 6～18m。

（7）冷弯薄壁型钢

冷弯薄壁型钢是用冷轧钢板、钢带或其他轻合金材料在常温下经模压或弯制冷加工而成的。用冷弯薄壁型钢制成的钢结构，重量轻，省材料，截面尺寸又可以自行设计，目前在轻型的建筑结构中已得到应用。

1.6.3 钢结构的应用

由于钢结构自身的特点和结构形式的多样性，随着我国国民经济的迅速发展，应用范围越来越广，除房屋结构以外，钢结构还可用于下列结构：

1. 塔桅结构

塔桅结构包括电视塔、微波塔、无线电桅杆、导航塔及火箭发射塔等，一般均采用钢结构。

2. 板壳结构

板壳结构包括大型储气柜和储液库等要求密闭的容器、大直径高压输油管和输气管等，高炉的炉壳和轮船的船体等也均应采用钢结构。

3. 桥梁结构

跨度大于 40m 的各种形式的大、中跨度桥梁，一般也采用钢结构。

4. 可拆卸移动式结构

塔式起重机、施工升降机、物料提升机、高处作业吊篮、附着升降脚手架等起重机械及施工设施中也大量采用钢结构形式。

1.6.4 钢材的特性

1. 钢材的塑性

钢材的主要强度指标和多项性能指标是通过单向拉伸试验获得的。试验一般是在标准条件下进行的，即采用符合国家标准规定形式和尺寸的标准试件，在室温 20℃左右，按规定的加载速度在拉力试验机上进行。

如图 1-62 所示，为低碳钢的一次拉伸应力 - 应变曲线。钢材具有明显的弹性阶段、弹塑性阶段、塑性阶段及应变硬化阶段。

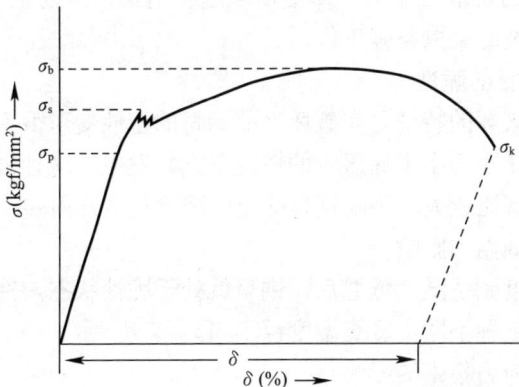

图 1-62　低碳钢的一次拉伸应力 - 应变曲线

在弹性阶段，钢材的应力与应变成正比，服从虎克定律。这时变形属弹性变形。当应力释放后，钢材能够恢复原状。弹性阶段是钢材工作的主要阶段。

在弹塑性阶段、塑性阶段，应力不再上升而变形发展很快。当应力释放之后，将遗留不能恢复的变形。这种变形属弹塑性、塑性变形。这种过大的永久变形虽不是结构的真正破坏，但却使它丧失正常工作能力。因此，在建筑机械的结构计算中，把屈服点 σ_s 近似地看成钢材由弹性变形转入塑性变形的转折点，并将叫作为钢结构容许达到的极限应力。对于受拉杆件，只允许在 σ_s 以下的范围内工作。

在应变硬化阶段，当继续加载时，钢材的强度又有显著提高，塑性变形也显著增大（应力与应变已不服从虎克定律），随后将会发生破坏，钢材真正破坏时的强度为抗拉强度 σ_b。

由此可见，从屈服点到破坏，钢材仍有着较大的强度储备，从而增加了结构的可靠性。

钢材在发展到很大的塑性变形之后才出现的破坏，称为塑性破坏。结构在简单的拉伸、弯曲、剪切和扭转的情况下工作时，通常是先发展塑性变形，而后才导致破坏。由于钢材达到塑性破坏时的变形比弹性变形大得多。因此，在一般情况下钢结构产生塑性破坏的可能性不大。即便出现这种情形，事前也易被察觉，能对结构及时采取补强工作。

2. 钢材的脆性

脆性破坏的特征是在破坏之前钢材的塑性变形很不明显，有时甚至是在应力小于屈服点的情况下突然发生，这种破坏形式对结构的危害比较大。影响钢材脆断的因素是多方面的：

（1）低温的影响

当温度到达某一低温后，钢材就处于脆性状态，冲击韧性很不稳定。钢种不同，冷脆温度也不同。

（2）应力集中的影响

如钢材存在缺陷（气孔、裂纹、夹杂等），或者结构具有孔洞、开槽、凹角、厚度变化以及制造过程中带来的损伤，都会导致材料截面中的应力不再保持均匀分布，在这些缺陷、孔槽或损伤处，将产生局部的高峰应力，形成应力集中。

（3）加工硬化（残余应力）的影响

钢材经过了弯曲、冷压、冲孔、剪裁等加工之后，会产生局部或整体硬化，降低塑性和韧性，加速时效变脆，这种现象称加工硬化（或冷作硬化）。

热轧型钢在冷却过程中，在截面突变处如尖角、边缘及薄细部位，率先冷却，其他部位渐次冷却，先冷却部位约束阻止后冷却部位的自由收缩，产生复杂的热轧残余应力分布。不同形状和尺寸规格的型钢残余应力分布不同。

（4）焊接的影响

钢结构的脆性破坏，在焊接结构中常常发生。焊接引起钢材变脆的原因是多方面的，其中主要是焊接温度影响。由于焊接时焊缝附近的温度很高，在热影响区域，经过高温和冷却的过程，使钢材的组织构造和机械性能起了变化，促使钢材脆化。钢材经过气割或焊接后，由于不均匀的加热和冷却，将引起残余应力。残余应力是自相平衡的应力，退火处理后可部分乃至全部消除。

3. 钢材的疲劳性

钢材在连续反复荷载作用下，虽然应力还低于抗拉强度甚至屈服点，也会发生破坏，这种破坏属疲劳破坏。

疲劳破坏属于一种脆性破坏。疲劳破坏时所能达到的最大应力，将随荷载重复次数的增加而降低。钢材的疲劳强度采用疲劳试验来确定，各类起重机都有其规定的荷载疲劳循环次数值尚不破坏的应力值为其疲劳强度。

影响钢材疲劳强度的因素相当复杂，它与钢材种类、应力大小变化幅度、结构的联接和构造情况等有关。建筑机械的钢结构多承受动力荷载，对于重级以及个别中级工作类型的机械，须考虑疲劳的影响，并作疲劳强度的计算。

1.6.5 钢结构的连接

钢结构通常是由多个杆件以一定的方式相互联接而组成的。常用的联接方法有焊接连接、螺栓连接与铆接连接等。

1. 焊接连接

焊接连接广泛应用于结构件的组成,如塔式起重机的塔身、起重臂、回转平台等钢结构部件;施工升降机的吊笼、导轨架;高处作业吊篮的吊篮作业平台、悬挂机构;整体附着升降脚手架的竖向主框架、水平承力桁架等钢结构件采用焊缝连接成为一个整体性的部件。焊接连接也用于长期或永久性的固结,如钢结构的建筑物;也可用于临时单件结构的定位。

钢结构钢材之间的焊接形式主要有正接填角焊缝、搭接填角焊缝、对接焊缝及塞焊缝等,如图 1-63 所示。

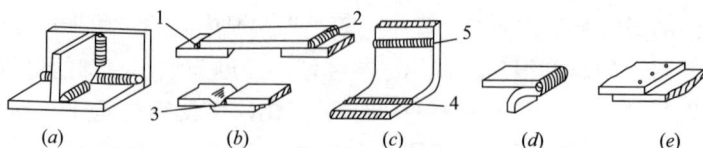

图 1-63　钢结构的焊接形式
（a）正接填角焊缝;（b）搭接填角焊缝;（c）对接焊缝;
（d）边缘焊缝;（e）塞焊缝
1—双面式; 2—单面式; 3—插头式; 4—单面对接; 5—双面对接

2. 螺栓连接

螺栓连接广泛应用于可拆卸联接,螺栓连接主要由普通螺栓连接与高强度螺栓连接两种。

（1）普通螺栓连接

普通螺栓连接分为精制螺栓（A 级与 B 级）和粗制螺栓（C 级）连接。

普通螺栓材质一般采用 Q235 钢。普通螺栓的强度等级为 3.6～6.8 级;直径为 3～64mm。

（2）高强度螺栓连接

高强度螺栓按强度可分为 8.8、9.8、10.9 和 12.9 四个等级

（扭剪型高强度螺栓强度仅 10.9 级），直径一般为 12～42mm，按受力状态可分为抗剪螺栓和抗拉螺栓。

3. 铆接连接

铆接连接因制造费工费时，用料较多及结构重量较大，现已很少采用。只有在钢材的焊接性能较差时，或在主要承受动力载荷的重型结构中才采用（如：桥梁、吊车梁等）。建筑机械的钢结构一般不用铆接连接。

1.6.6 焊缝表面质量检查

焊缝外形尺寸如焊缝长度、高强度等应满足设计要求，在重要焊接部位，可采用磁粉探伤或超声波探伤，甚至用 X 光射线探伤进行判断焊缝质量。对焊缝表面质量检查应注意以下几点：

（1）T 型接头、十字接头、角接接头等要求熔透的对接和角对接组合焊缝，其焊脚尺寸不应小于 $t/4$（如图 1-64a、b、c 所示）；设计有疲劳验算要求的吊车梁或类似构件的腹板与上翼缘连接焊缝的焊脚尺寸为 $t/2$（图 1-64d），且不应大于 10mm。焊脚尺寸的允许偏差为 0～4mm；

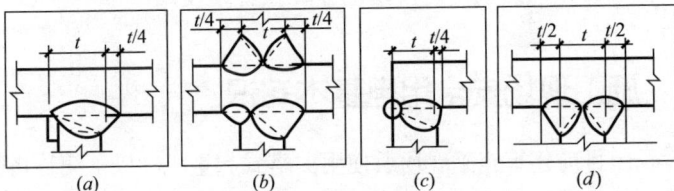

图 1-64　焊缝示意图

（2）焊成凹形的角焊缝，焊缝金属与母材间应平缓过渡；加工成凹形的角焊缝，不得在其表面留下切痕；

（3）焊缝外观应达到：外形均匀、成型较好，焊道与基体金属间过渡较平滑，焊渣和飞溅物基本清除干净，不允许未熔合（坡口未填满）焊瘤、烧穿等缺陷；

（4）外形尺寸应用焊接检验尺进行检验，检验的选点应具有代表性；

（5）外观检验一般用肉眼进行，对有怀疑的严重缺陷（未熔合、裂纹）可采用放大镜或表面探伤方法辅助判断；

（6）碳素钢应在焊接完成后，工件冷却到环境温度时进行检验。低合金钢应在焊接完成 24h 后进行检验。

1.6.7　钢结构的安全使用

钢结构构件可承受拉力、压力、水平力、弯矩、扭矩等荷载，而组成钢结构的基本构件，是轴心受力构件，包括轴心受拉构件和轴心受压构件。

要确保钢结构的安全使用，应做好以下几点：

（1）组成钢结构的每件基本构件应完好，不允许存在变形、破坏的现象，一旦有一根基本构件破坏，将会导致钢结构整体的失稳、倒塌等事故；

（2）结构的连接应正确牢固，由于钢结构是由基本构件连接组成，所以有一处连接失效同样会造成钢结构的整体失稳、倒塌，造成事故；

（3）在允许的载荷、规定的作业条件下使用。

1.7　施工现场安全用电基本知识

我国目前建筑施工现场所使用的塔式起重机（以下简称塔机）的配电必须满足现行行业标准《施工现场临时用电安全技术规范》JGJ 46 的相关要求。在安装和使用中常用的电压等级一般分为两种：低压（通常分为 380V 和 220V）和安全电压（通常 42V 以下）。

塔机主要采用低压供电，其电路主要有主电路、控制电路、辅助电路。塔机的主电路采用 380V 供电电压，控制电路的电气元件一般采用 380V 或 220V 供电电压，辅助电路通常采用 220V 供电电压。

在塔机回转机构的制动和变幅机构的制动中常用 24V 的安

全电压作为电磁制动的驱动电压。塔机使用的安全电压是通过小型变压器降压而来。

1.7.1 TN–S 接零保护系统

塔机配电通常采用 TN-S 系统供电，即采用"三相五线制"，如图 1-65 所示。其中一根蓝色线是零线（中性线 N），黄色、绿色、红色三根线叫火线（相线 L），另外一根黄 / 绿色相间线是接地保护零线（PE 线，保护接地线）。两根火线间电压是 380V，一根零线（N）与任意一根火线间电压是 220V。接地线保护零线（PE 线）作为单独接地使用。采用 TN-S 系统接零保护时，所有电气设备的外露可导电部分都可以十分方便的通过保护零线（PE 线）进行接零保护，而且正常情况下 PE 线是不带电的，所以外露可导电部分与大地是等电位的。这样人体触到这些外露可导电部分时，不会有触电的危险。

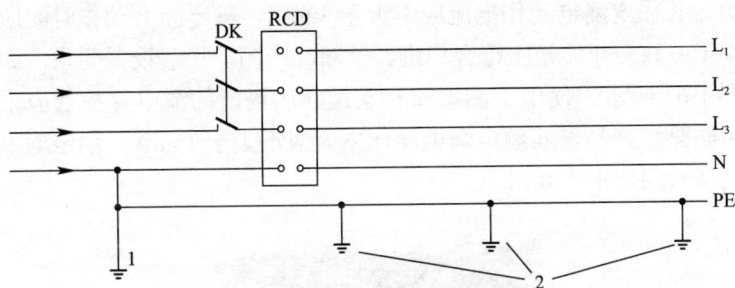

图 1-65　TN-S 接零保护系统

1.7.2 "三级配电两级保护"配电系统

建筑施工现场临时用电配电箱应分三级设置，即在总配电箱下设分配电箱，分配电箱下设开关箱，开关箱接用电设备，形成三级配电。这样配电层次清楚，既便于管理又便于查找故障。同时要求，照明配电与动力配电最好分别设置，自成独立系统，不致因动力停电影响照明。"两级保护"主要指采用漏电保护措施，在总配电箱和开关箱内加装漏电保护器，总体上形成两级保护，如图 1-66 所示。

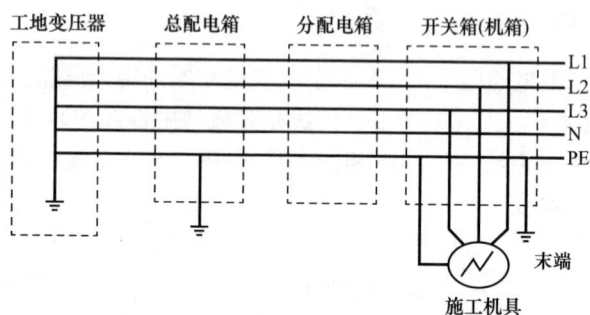

图 1-66　三级配电两级保护示意图

1.7.3　开关箱的设置

开关箱与塔机的水平距离不宜超过 3m，开关箱内的漏电保护器其额定漏电动作电流应不大于 30mA，额定漏电动作时间应小于 0.1s。开关箱应符合一机、一箱、一闸、一漏设置要求，如图 1-67 所示。使用于潮湿和有腐蚀介质场所的漏电保护器应采用防溅型产品，其额定漏电动作电流应不大于 15mA，额定漏电动作时间应小于 0.1s。

图 1-67　开关箱

1.7.4 塔机的接地要求

塔机的接地应按使用说明书的相关规定设置，工作接地及保护接地的接地电阻不大于 4Ω，重复接地电阻不大于 10Ω，防雷装置的冲击接地电阻值不大于 30Ω。接地导线应用黄/绿色相间专用接地线，由于兼起防雷作用，应采用 $16mm^2$ 以上的多股铜芯线。接地体不宜少于两处，宜采用对角设置，接地体一般为 $\Phi33$-$45mm$ 的钢管，或 40-60mm 的角钢，镀锌防锈，垂直埋设，接地体上端距地平不小于 0.6m。导线与接地体的连接必须牢固，采用焊接或压接，塔机不得采用铝导体和螺纹钢做接地体或地下接地线。

2 塔式起重机基本构造与工作原理

塔机可以将其分解为金属结构、工作机构、驱动控制系统和安全防护装置四个部分。

2.1 塔式起重机的分类

塔机的分类方式有多种，按塔机整机架设方式、变幅方式、臂架机构型式及回转方式等进行分类，如图 2-1 所示。

2.1.1 按架设方式

塔机按架设方式分为快装式塔机和非快装式塔机。

1. 快装式塔机

如图 2-1 (*f*) 所示，快装式塔机有专用的拖行和架设装置，可以实现整体拖运，到工地后，又可以很快的架设起来，这种塔机最大的优点是转移工地方便，灵活机动，但整体拖运塔机会受到很多的限制，若其体积过大过长，限制塔机的进场，所以工作参数受限很大，起吊高度和工作幅度都不会很大。

2. 非快装式塔机

如图 2-1 (*a*)～图 2-1 (*e*) 所示，非快装式塔机拆装比较方便，便于转场运输，起吊高度和工作幅度相比自行架设塔机有很大提高。

2.1.2 按变幅方式

塔机按变幅方式分为小车变幅塔机和动臂变幅塔机。小车变幅塔机按臂架小车轨道与水平面的夹角大小分为水平臂小车变幅

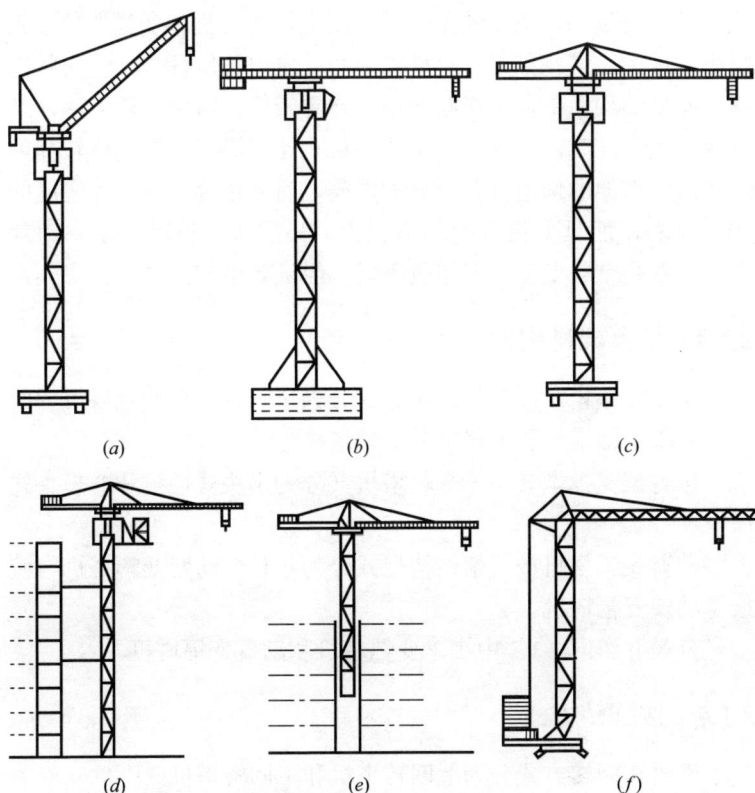

图 2-1 塔机常见型式图

塔机和倾斜臂小车变幅塔机。

1. 小车变幅塔机

如图 2-1（b）～图 2-1（e）所示，小车变幅式塔机是通过起重小车沿起重机运行来实现变幅，其起重臂始终处于水平位置，变幅小车悬挂于臂架下弦杆上，两端分别与变幅卷扬机的钢丝绳连接，在变幅小车上装有起升滑轮组，当收放变幅钢丝绳拖动变幅小车时，起升滑轮组也随之而动以改变吊钩的幅度。

2. 动臂变幅塔机

如图 2-1（a）所示，动臂变幅塔机是通过改变起重臂的仰角运行进行变幅的，幅度的改变是利用变幅卷扬机和变幅滑轮组系统来实现的。其优点是：起重臂中心受压也称压杆式，受力状态好，臂架结构简单，结构断面小，自重较轻，拼装比较方便，当塔身高度一定时，与其他类型的塔机相比，具有起升高度较高的优势，但臂架的仰角受到一定的限制，有效幅度只有最大幅度的70% 左右，而且变幅机构功率较大，吊重水平移动时功率消耗大，一般是空载变幅，工作效率低，经济效果差。

2.1.3　按臂架机构型式

小车变幅塔机按臂架结构型式分为定长臂小车变幅塔机、伸缩臂小车变幅塔机和折臂小车变幅塔机。

按臂架支撑型式小车变幅塔机又分为平头式塔机和非平头式塔机。

动臂变幅塔机按臂架结构型式分为定长臂动臂变幅塔机与铰接臂动臂变幅塔机。

分类介绍同 2.1.2 中小车变幅塔机和动臂变幅塔机。

2.1.4　按回转方式

塔机按回转方式分为上回转塔机和下回转塔机。

1. 上回转塔机

如图 2-1（a）～图 2-1（d）所示，上回转式塔机的塔身不回转，回转部分装在上部。上回转式塔机的特点是：底部轮廓尺寸小，对建筑场地空间要求较小，不影响建筑材料堆场的使用；由于塔身不转，回转时转动惯量较小，起重能力较大，起升高度比较高，可增加附着，能适用多种形式建筑物的施工需要。

2. 下回转塔机

如图 2-1（f）所示，下回转式塔机塔身机构比较轻便，回转机构装设于下部，塔身可以转动，一般采用整体托运、自行架设方式，拆装容易、转场快。但塔机的底部转台和平衡臂的尺度较大，并要保证塔机与建筑物的距离至少 500mm 以上的安全距离。

2.1.5 按基础特征分类

组装式塔机按基础特征分为轨道运行塔机和固定塔机。固定塔机又分为固定底架压重塔机和固定基础塔机。自行架设塔机按基础特征分为轨道运行塔机和固定式塔机。

1. 轨道运行塔机

如图 2-1（*a*）～图 2-1（*f*）所示，轨道运行塔机底架可铺设的行走装置（台车、轮胎、履带）上行走，可负载行驶，适用范围较广。但需要一个构造复杂的行走机构，造价较高，且因受到塔身刚度和稳定性的影响，轨道运行塔机的高速也有所限制。

2. 固定塔机

如图 2-1（*b*）～图 2-1（*e*）所示，固定塔机塔身固定不转，安装在整体混凝土基础上或装设在条形或 X 形混凝土基础上，即可用作内爬式塔机，也可用作附着式塔机，适用于高层建筑施工。

2.1.6 爬升式塔机按爬升特征分类

爬升式塔机按爬升特征分为内爬式塔机和外爬式塔机。

1. 内爬式塔机

如图 2-1（*e*）所示，内爬式塔机可安装在建筑物的内部，通过一套爬升机构，使整机随着建筑物的高度增加而升高，其结构和普通上回转塔机基本相同，只增加了一套爬升框和爬升机构。其优点是：内爬式塔机安装在建筑物的内部，不占用建筑物外围空间，其幅度可设计制造得小一些，起重能力相对能大一些，利用建筑物向上爬升，爬升高度不受限制，塔身可以做的较短，结构较轻，造价较低。其缺点是：司机在吊装时不能直接看到起吊过程，操作不便；施工结束后，先利用屋面起重机或其他辅助起重设备塔机在建筑物顶上解体，在一件一件地从顶部吊到地面上，比较费工费时。

2. 外爬式塔机

如图 2-1（*d*）所示，外爬式塔机，一般安装在建筑物的一侧，底座固定在基础上，沿着塔身全高按一定的间隔距离设置若干附着装置，使塔身依附在建筑物上，将塔身和建筑物连在一起，提高了塔身的承载能力。

2.1.7　组装式塔机按中部结构特征分类

组装式塔机按中部结构特征分为爬升式塔机和定置式塔机。

1. 爬升式塔机

爬升式塔机分为内爬式塔机和外爬式塔机，分类介绍同2.1.6。

2. 定置式塔机

定置式塔机又称固定式塔机，分类介绍同 2.1.5 固定塔机。

2.1.8　自行架设塔机按转场运输方式分类

自行架设塔机按按转场运输方式分为车载式和拖行式。目前使用较少。

2.2　塔式起重机的基本技术参数

塔机的基本技术参数包括主参数和基本参数。

2.2.1　塔机的主参数

塔机的主参数是额定起重力矩。

（1）所谓额定起重力矩，与基本臂最大幅度相同或相近臂长组合状态，基本臂最大幅度与相应额定起重量的乘积（kN·m），通常用塔机起重特性曲线和塔机起重特性表等方式表示，如图 2-2 所示为 TC5013 塔机起重特性曲线，如表 2-1 为 TC5013型塔机起重特性表。

起重力矩单位标示：$(kN·m)×10^{-1}=(t·m)$，目前各厂家的标示习惯使用"t·m"。

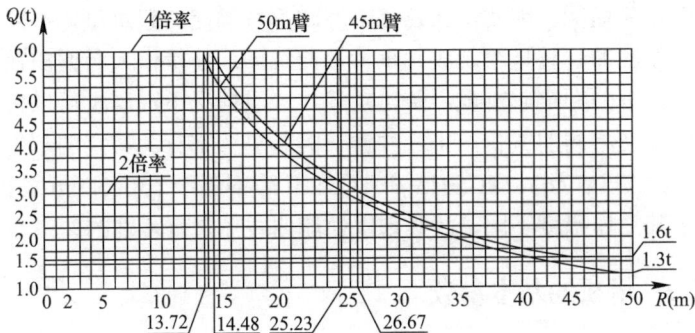

图 2-2　TC5013 型塔机起重特性曲线

TC5013 型塔机起重特性表　　　　　　　　　　表 2-1

幅度（m）		2~13.72	14	14.48	15	16	17	18	19
吊重	2绳	3000	3000	3000	3000	3000	3000	3000	3000
（kg）	4绳	6000	5865	5646	5426	5046	4712	4417	4154
幅度（m）		20	21	22	23	24	25	25.23	26	26.67
吊重	2绳	3000	3000	3000	3000	3000	3000	3000	2897	2812
（kg）	4绳	3918	3706	3514	3339	3180	3032			
幅度（m）		27	28	29	30	31	32	33	34	35
吊重	2绳	2772	2656	2549	2449	2355	2268	2186	2108	2036
（kg）	4绳									
幅度（m）		36	37	38	39	40	41	42	43	44
吊重	2绳	1967	1902	1841	1783	1728	1676	1626	1578	1533
（kg）	4绳									
幅度（m）		45	46	47	48	49	50			
吊重	2绳	1490	1449	1409	1371	1335	1300			
（kg）	4绳									

（2）额定起重力矩是塔机工作能力的最重要参数，它是塔机工作时保持塔机稳定性的控制值。塔机的起重量随着幅度的增

加而相应递减，因此，在各种幅度时都有额定的起重量，不同幅度和相应的起重量绘制成起重特性曲线图，使操作人员明白在不同幅度下的额定起重量，防止超载。一般情况下，塔机可以根据需要安装不同的臂长，每一种臂长的起重臂都有其特定的起重曲线，比如 QTZ63、TC5013 和 TC5510 等都属于 630kN·m 塔机，由于其工作幅度不同，故其起重性能曲线图是有差别的。

2.2.2 塔机的基本参数

塔机的基本参数包括最大起重力矩、起升高度、独立高度、工作速度、幅度、起重机重量、轨距、轴距及尾部尺寸等。见表 2-2。

塔机基本参数及定义（据 GB/T 5031）　　　　　　　表 2-2

技术参数	定义
最大起重力矩	最大额定起重量重力与其在设计确定的各种组合臂长中所能达到的最大工作幅度的乘积
起升高度	塔机运行或固定独立状态时，空载、塔身处于最大高度、吊钩处于最小幅度外，吊钩支承面对塔机基准面的允许最大垂直距离
独立高度	指塔机在没有附着的情况下塔身处于最大高度时，吊钩支承面对塔机支承面的最大垂直距离
起升速度	起吊各稳定运行速度档对应的最大额定起重量，吊钩上升过程中稳定运动状态下的上升速度
小车变幅速度	对小车变幅塔机，起吊最大幅度时的额定起重量、风速小于 3m/s 时，小车稳定运行的速度
全程变幅时间	对动臂变幅塔机，起吊最大幅度时的额定起重量、风速小于 3m/s 时，臂架仰角从最小角度到最大角度所需要的时间
回转速度	塔机在最大额定起重力矩载荷状态、风速小于 3m/s、吊钩位于最大高度时的稳定回转速度
慢降速度	起升滑轮组为最小倍率，吊有该倍率允许的最大额定起重量，吊钩稳定下降时的最低速度

技术参数	定义
运行速度	空载、风速小于 3m/s,起重臂平行于轨道方向时塔机稳定运行的速度
幅度	塔机空载时,塔机回转中心线至吊钩中心垂直线的水平距离。作为基本参数之一的幅度,又包括最大幅度和最小幅度。在采用小车变幅的情况下,最大幅度指小车行至臂架头部端点位置时,塔机回转中心线至吊钩中心垂直线的水平距离,当小车处于臂架根部端点位置时,幅度为最小;在采用俯仰变幅臂架的情况下,最大幅度就是当动臂处于接近水平或与水平夹角为 13°时,从塔机回转中心至吊钩中心垂直线的水平距离。当动臂仰角达到最大(65°~73°)时,幅度为最小
轴距	同一侧行走轮的轴心线或一组行走轮中心线之间的距离
轮距	同一轴心线左右两个行走轮或左右两侧行走轮组、轮胎或轮胎组中心径向平面间的距离
尾部尺寸	下回转起重机的尾部尺寸是由回转中心至转台尾部(包括压重块)的最大回转半径。上回转起重机的尾部尺寸是由回转中心线至平衡臂尾部(包括平衡重)的最大回转半径
起重机重量	包括平衡重、压重和整机自重

2.2.3 塔机的规格型号标示

目前市场上的塔机标示主要是以塔机主参数或其他参数标示,可分三类。

(1)根据《建筑机械与设备产品分类及型号》JG/T 5093—1997 的规定,如表 2-3 所示,塔机的型号组成如下:

以 QTZ80 为例,QTZ……组、型、特性代号;80……最大起重力矩(kN·m×10^{-1})主要参数代号用阿拉伯数字表示。

(2)现在有大部分塔机生产厂家,根据国外标准,用塔机最大臂长(m)与臂端(最大幅度)处所能吊起的额定重量(kN)两个主参数来标记塔机的型号。如某厂家生产的 TC5510 其含义:

T……塔的英文第一个字母(Tower);

C……起重机英文第一个字母(Crane);

55……最大臂长 55m；

10……臂端额定起重量 10kN（1.0t）。

（3）还有部分厂家是自定义标示。

建筑机械与设备产品分类及型号（JG/T 5093—1997） 表 2-3

组		型		特征	产品		主要参数代号		
名称	代号	名称	代号	代号	名称	代号	名称	单位	表示法
塔机	QT	轨道式（固定式）		—	上回转塔机	QT	额定起重量	kN·m	主参数×10^{-1}
				Z（自）	上回转自升塔机	QTZ			
				A（下）	下回转塔机	QTA			
				K（快）	快装塔机	QTK			
		汽车式	Q（汽）	—	汽车塔机	QTQ			
		轮胎式	L（轮）	—	轮胎塔机	QTL			
		履带式	U（履）	—	履带塔机	QTU			
		组合式	H（合）	—	组合塔机	QTH			

2.3　塔式起重机的金属结构

塔机的金属结构，如图 2-3 所示。主要由底架、塔身、起重臂、塔帽、平衡臂、回转支承架等主要部件组成。金属结构是整机的骨架，承受着整机的自重以及作业时各种外载荷，是塔机的主要组成部分。金属结构的设计是否合理，对减轻自重，提高起重性能、降低消耗和提高其可靠性至关重要。

2.3.1　塔机底架与基础

塔机的底架是根据塔机基础来确定，基础分为固定基础和轨道基础。

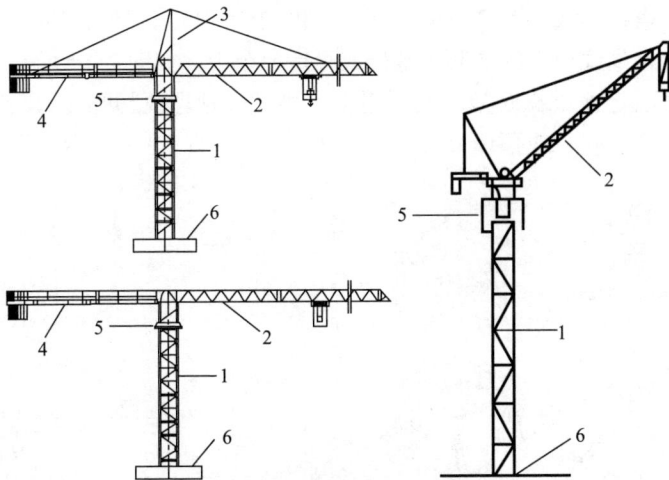

图 2-3 塔机的金属结构

1—塔身；2—起重臂；3—塔帽；4—平衡臂；5—回转支撑架；6—底架

1. 固定基础

固定式塔机基础分为带底架和无底架两种方式，有多种不同的型式，包括现浇整体式和分体式。带底架的塔吊基础一般为 X 形整体基础，不带底架的基础一般采用整体方块式基础。

（1）X 形整体式钢筋混凝土基础

X 形整体式钢筋混凝土基础的形状和平面尺寸与塔机 X 形底架基本相似，塔机的 X 形底架通过预埋地脚螺栓和压板与混凝土基础连接。这种混凝土基础不仅将塔机的自重和载荷传递给基础，同时还可全部作为压重或部分作为压重使用，保证塔机的整机稳定性。中小型塔机多采用这种基础。

（2）整体方块式混凝土基础

无底架固定式塔机的混凝土基础，必须是大块整体式混凝土基础。塔机的塔身结构通过预埋基础件固定在钢筋混凝土基础，将塔机的自重和载荷全部传给地基。由于整体式钢筋混凝土基础的构造尺寸是根据塔机的最大竖向载荷、地面承载力设计的，因而能确保塔机在最不利工况下安全工作。

塔机的底架是塔身的支座。塔机的全部自重和荷载都要通过它传递到底架下的混凝土基础或行走台车上，如图 2-4 所示。

固定式塔机底架一般采用十字梁式（预埋地脚螺栓）、预埋脚柱（支腿）或预埋节式。如图 2-4（a）～图 2-4（c）所示。

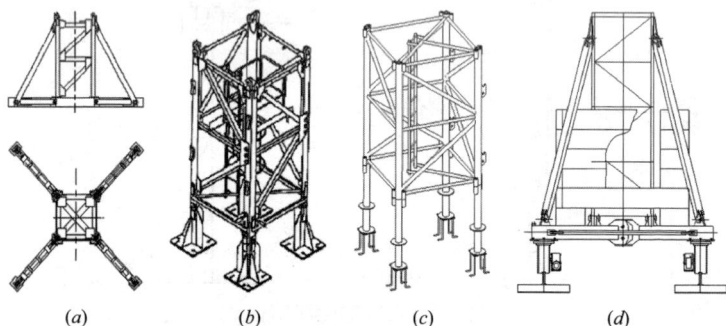

图 2-4　底架
（a）十字梁式；（b）、（c）预埋脚柱式；（d）行走底架式

2. 轨道基础

轨道基础的行走台车架由架体、动力装置（主动）和无动力装置（从动）组成，它把起重机的自重和载荷力矩通过行走轮传递给轨道。

行走台车架端部装有夹轨器，其作用是在非工作状况或安装阶段钳住轨道，以保证塔机的自身稳定。

2.3.2　塔身

塔身是塔机结构的主体，支撑着塔机上部的重量和外部荷载，通过底架或行走台车直接传到塔机基础上，其本身还要承受弯矩和垂直压力。

塔身结构大多用角钢焊成，也有采用圆形、方形钢管焊成的，塔机通常采用方形断面。它的腹杆形式有 K 字形、三角形、交叉腹杆等，如图 2-5 所示。

标准节有整体式和片装式两种，后者加工精度高，安装难度

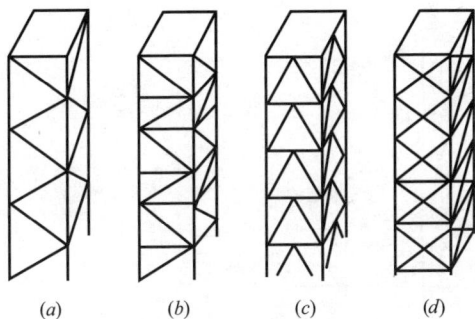

图 2-5 塔身的腹杆形式

（a）、（b）K 字形;（c）三角形;（d）交叉腹杆

大，但是堆放占地小，运费少。对于爬升式塔机，其标准节上设置有起支撑作用的踏步。塔身标准节普遍采用螺栓连接和销轴连接两种方式，如图 2-6、图 2-7 所示。

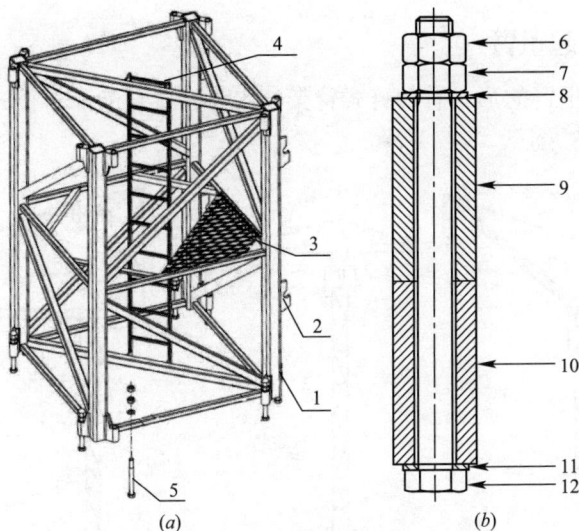

图 2-6 螺栓连接构造示意图

1—标准节; 2—踏步; 3—休息平台; 4—爬梯; 5—螺栓; 6—（防松锁紧）高强度螺母; 7—（紧固）高强度螺母; 8—（螺母端）垫圈（300HV）; 9—（上标准节）连接套; 10—（下标准节）连接套; 11—（螺栓头端）垫圈（300HV）; 12—高强度螺栓

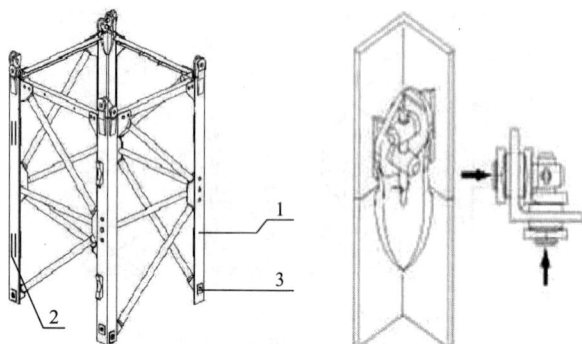

图 2-7　销轴连接构造示意图
1—标准节；2—踏步；3—销轴连接孔

　　塔机高于地面 2m 以上的，其标准节上应设置爬梯，以便于操作人员的通行，爬梯分为直爬梯和斜爬梯，其标准节的爬梯应按规范要求设置护圈。

2.3.3　起重臂

　　起重臂的形式有动臂式臂架、水平臂式臂架和折臂式臂架，如图 2-8 所示。

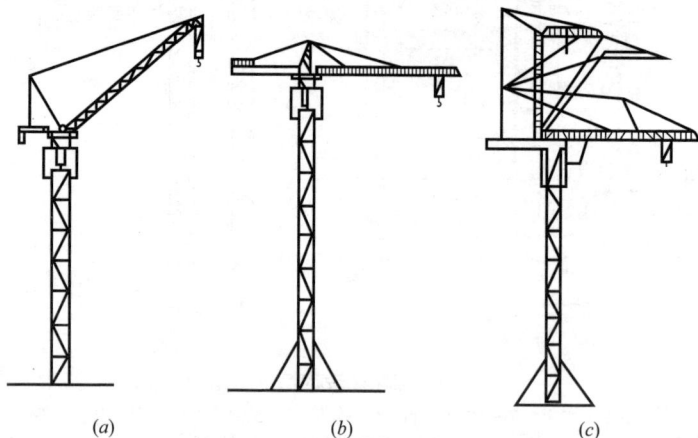

(a)　　　　　　　　(b)　　　　　　　　(c)

图 2-8　塔机的臂架
（a）动臂式臂架；（b）水平臂式臂架；（c）折臂式

1. 动臂式臂架

动臂式臂架如图 2-9（a）所示，臂架主要承受轴向压力，依靠改变臂架的倾角来实现塔机工作幅度的改变。臂架中间部分采用等截面平行弦杆，两端为梯形或三角形形式。为了便于运输、安装和拆卸，臂架中间部分可以制成若干段标准节，用销轴或螺栓将它们连接起来。

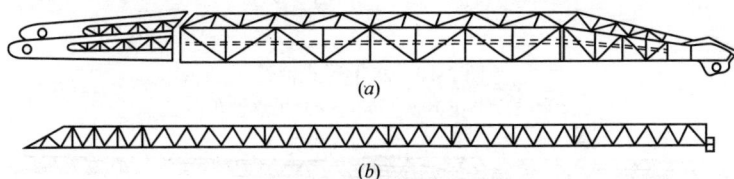

(a)

(b)

图 2-9　动臂式臂架
（a）矩形截面臂架；（b）三角形臂架

2. 水平臂式臂架

水平臂式臂架如图 2-9（b）所示，工作时臂架主要承受轴向力及弯矩作用，依靠起重小车的移动来实现塔机工作幅度的改变。臂架的弦杆和腹杆可采用型钢和无缝钢管制成。

水平臂式臂架，又称小车变幅式臂架，臂架根部通过销轴与塔身连接，其中一种在起重臂上设有吊点耳环通过拉杆（或钢丝绳）与塔帽顶部连接如图 2-10（a）～图 2-10（c）所示；另一种平头式塔机，无拉杆，直接通过臂架根部销轴与塔身连接，无塔帽结构起重臂通常采用变截面形式，由不同尺寸的矩形截面和三角形截面组成，安装方式比较灵活，因无拉杆可以在地面上整体组装后吊装，也可分段吊装，分段吊装时要严格按照说明书的要求安装。如图 2-11 所示。

3. 折臂式臂架

折臂式臂架。结构较复杂，目前很少应用，在此不再赘述。

2.3.4　平衡臂

上回转塔机均需配设平衡臂，其功能是平衡起重力矩。除平

91

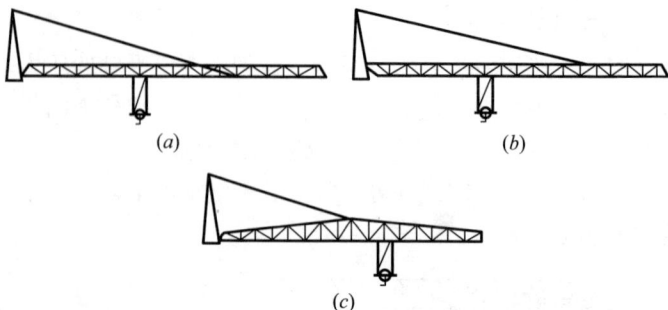

图 2-10　水平臂式臂架
(a) 吊点设在下弦;(b)、(c) 吊点设在上弦

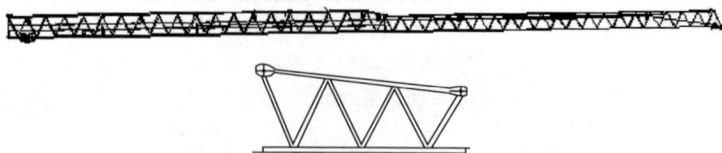

图 2-11　平头式起重臂架及变截面节

衡重外，还常在其尾部装设起升机构。起升机构之所以同平衡重一起安放在平衡臂尾端，一是可发挥部分配重作用，二是可以增大钢丝绳卷筒与塔帽导轮间的距离，以利钢丝绳的排绕，避免发生乱绳现象。

1. 平衡臂的形式

如图 2-12 所示，常用的平衡臂有以下几种形式：

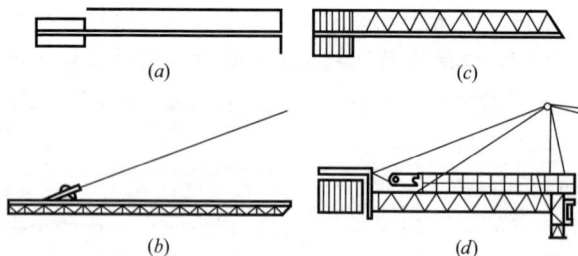

图 2-12　平衡臂示意图
(a) 平面框架式平衡臂;(b) 倒三角形断面桁架式平衡臂;(c) 正三角形断面桁架式平衡臂;(d) 矩形断面桁架结构平衡臂

（1）平面框架式平衡臂，由两根槽钢纵梁或槽钢焊成的箱形断面组合梁和杆系构成，在框架的上平面铺有走道板，道板两旁设有防护栏杆。这种臂架的结构特点是结构简单，易加工。

（2）三角形断面桁架式平衡臂，又分为正三角形和倒三角形两种形式，此类平衡臂的构造与平面框架式起重臂结构相似，但较为轻巧，适用于长度较大的平衡臂。

（3）矩形断面桁架结构平衡臂，适用于小车变幅水平臂架较长的超重型塔机。

2. 平衡重

平衡重一般用钢筋混凝土或铸铁制成。平衡重的重量与平衡臂的长度成反比，与起重臂的长度成正比；平衡重应与不同长度的起重臂匹配使用，具体操作应按照产品说明书要求。

2.3.5 塔帽和驾驶室

塔帽（平头式塔机无塔帽结构）功能是承受起重臂与平衡臂拉杆传来的载荷，并通过回转塔架、转台、承座等结构部件将载荷传递给塔身，也有些塔机塔帽上设置主卷扬钢丝绳固定滑轮、风速仪、障碍指示灯及避雷针。塔机的塔帽结构形式有多种，较常用的有截锥柱式、人字架式及斜撑架式等形式。截锥柱式又分为直立截锥柱式、前倾截锥柱式或后倾截锥柱式，如图 2-13 所示。

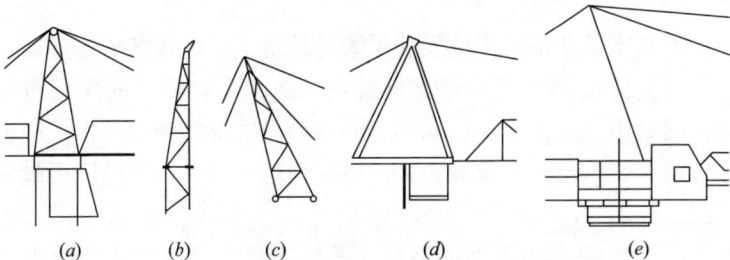

图 2-13　塔帽的结构形式
（a）直立截锥柱式；（b）前倾截锥柱式；（c）后倾截锥柱式；
（d）人字架式；（e）斜撑架式

驾驶室一般设在塔帽一侧平台上，一般内部安置联动控制台和安全监控管理系统、力矩显示仪、风速仪显示仪和灭火器，有的控制柜也放在驾驶室内。

2.3.6 回转总成

回转总成由转台、回转支承、支座及回转机构等组成，如图 2-14 所示。回转机构固定在转台上，回转机构驱动，由转台与塔帽联结的塔机回转部分，通过回转支承，将回转部分的载荷传递给由支座与塔身联结的固定部分，使起重臂架绕塔机中心做 360° 回转，实现了物品吊运到回转圆所及的范围以内。

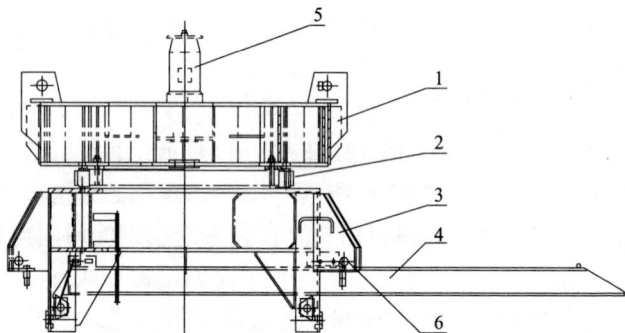

图 2-14 塔机回转总成
1—上回转；2—回转支撑；3—下回转；4—引进轨道；
5—回转电机；6—与套架连接销轴孔

回转支承在塔机中主要使用滚动轴承式和柱式支承装置。

（1）滚动轴承式回转支承装置，是两个物体之间作相对运动，同时承受轴向力、径向力、倾翻力矩的重要传动部件，构造比较紧凑，重量轻，承载力大，可靠性高。因此，目前应用最为广泛。

（2）转柱式回转支承装置。塔机的起重臂架和平衡臂架均通过横梁装在转柱上，转柱安装在塔身顶部的中央。当转柱被驱动装置带动时，起重臂架和平衡臂架随之回转。其特点是结构简单，制造方便，适用于起升高度和工作幅度以及起重量较大的塔机。

2.3.7　爬升套架

爬升套架根据构造特点，可分为整体式和拼装式；根据套架的安装位置，可分为外爬式套架和内爬式套架。

（1）外爬式套架主要由钢管、槽钢、钢板等组焊成框架结构，套架的前侧引入标准节部位为开口结构，套架后侧或中间装有爬升油缸和爬升梁。根据标准节引入方式不同，采用下引进方式的，引进平台安装在爬升套架上；采用上引进方式的，引进梁安装在塔机的回转下支座上。爬升套架上端通过销轴或螺栓固定在塔机的回转下支座上。爬升完毕后，塔机正常工作状态下套架一般留于原处。如图 2-15 所示。

套架——

图 2-15　外爬式套架示意图

（2）内爬式套架主要由钢管、槽钢、钢板等组焊成框架结构，整个爬升过程中不需要引入塔身标准节，塔身和上部结构产生的垂直载荷由最下一层套架传向建筑物；套架上设有滚轮和滑块兼作爬升过程中的爬升轨道。如图 2-16 所示。

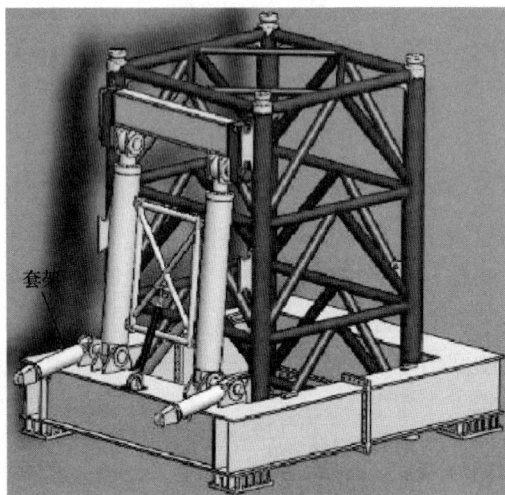

套架

图 2-16　内爬式套架示意图

2.3.8　附着装置

当塔机的工作高度超过其独立工作高度时，需要设置附着装置来增加其稳定性，塔机附着的设置和自由端高度等应符合使用说明书的规定。当附着水平距离、附着间距等不能满足使用说明书要求时，应有能力的单位进行设计计算、绘制制作图和编写相关说明。附着装置的构件和预埋件，应由原厂家或由有相应资质的单位设计、制作，并提供合格证明资料。附着装置设计时，应对支承处的建筑主体结构进行验算。

塔机附着有多种形式，如图 2-17 所示。

塔机附墙架安装要点：

（1）锚固点的受力情况，包括穿墙螺栓的紧固、抱箍螺栓的紧固、预埋构件的可靠性。预埋构件支腿尾部应局部布置钢筋网和竖向钢筋加强，并与上层钢筋网绑扎成一个整体。常见预埋件如图 2-18 所示。

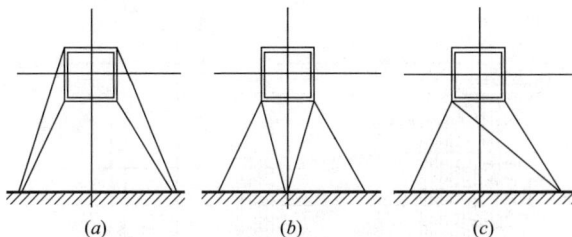

图 2-17　塔机附着装置形式

（a）四联杆两点固定；（b）四联杆三点固定；（c）三联杆两点固定

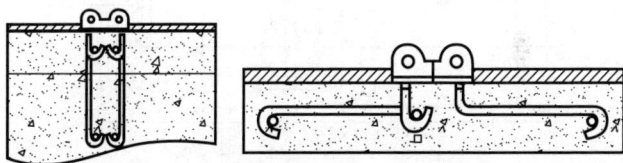

图 2-18　塔机预埋件安装示意图

（2）将预埋构件及螺栓表面混凝土残留物清除干净，与附着杆件可靠焊接。

2.4　塔式起重机的工作机构

塔机的工作机构有起升机构、变幅机构、回转机构、液压顶升机构和行走机构等。有的动臂变幅机构兼有架设和变幅两种功能。有的还有其他各种辅助性的机构，如维修起升机构专用的吊车等。

2.4.1　塔机的起升机构

塔机的起升机构其功能是实现物品的上升或下降。主要由驱动装置、传动装置、制动装置和工作装置四个部件组成，如图 2-19 所示。

电动机通过联轴器和减速器相连，减速器输出轴上装有卷筒，卷筒端部安装有高度限制器。卷筒通过钢丝绳和安装在塔身

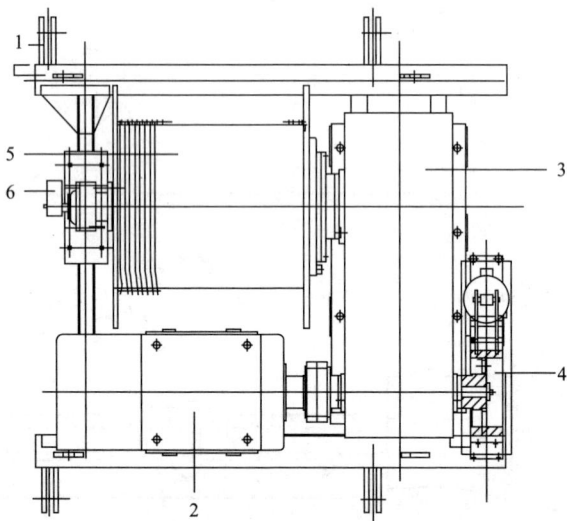

图 2-19 起升机构示意图
1—底架；2—电机；3—减速机；4—液力推杆制动器；
5—起升卷筒；6—起升高度限制器

或塔顶上的导向滑轮及起重滑轮组与吊钩相连。电动机工作时，卷筒将缠绕在其上钢丝绳卷进或放出，通过滑轮组使悬挂于吊钩上的物品起升或下降。当电动机停止工作时，制动器通过弹簧力将制动轮刹住，如图 2-20 所示。

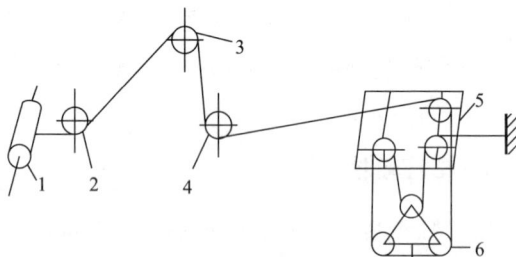

图 2-20 起升机构示意图
1—起升卷扬机；2—排绳滑轮；3—塔帽导向轮；4—起重臂根部导向滑轮；
5—变幅小车滑轮组；6—吊钩滑轮组

起升机构可以通过改变吊钩滑轮组倍率来改变起升速度和起

重量。塔机吊钩滑轮组倍率多采用
2 倍率或 4 倍率，如图 2-21 所示。
当使用 4 倍率时，可获得较大的起
重量，但降低了起升速度；当使用
2 倍率时，可获得较快的起升速度，
但降低了起重量。

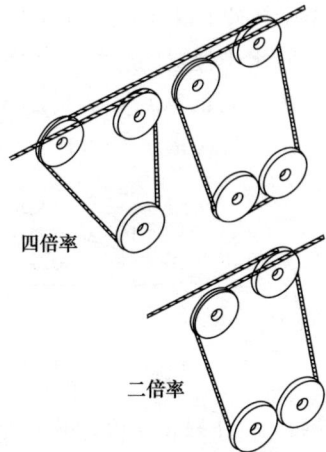

四倍率

二倍率

图 2-21　起升机构示意图

2.4.2　塔机的变幅机构

塔机的变幅方式基本上有两
类：一类是起重臂为水平形式，载
重小车沿起重臂上的轨道移动而
改变幅度，称为运行小车式变幅
机构；另一类是利用起重臂俯仰运
动而改变臂端吊钩的幅度，称为动臂式（也称臂架式变幅）变
幅机构。

1. 运行小车式变幅机构

运行小车式变幅是通过移动小车来实现的，主要有电动机、
减速器、卷筒、限制器和支架组成，如图 2-22 所示。工作时吊

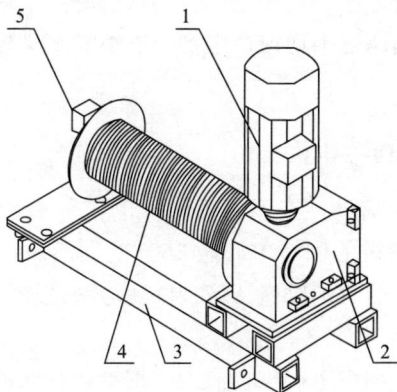

图 2-22　变幅机构示意图
1—电机；2—减速器；3—支架；4—卷筒；5—限制器

臂上的小车由变幅牵引机构驱动，沿着吊臂上的轨道移动，实现吊物水平位置的转移。其优点是：速度快，效率高，幅度有效利用大。它的缺点是吊臂承受压、弯载荷共同作用，受力状态不好，结构自重较大。小车变幅钢丝绳穿绕示意图如图 2-23 所示。

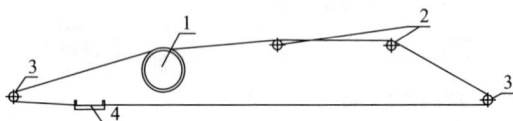

图 2-23　小车变幅钢丝绳穿绕示意图
1—滚筒；2—导向轮；3—臂端导向轮；4—变幅小车

2. 动臂式（也称臂架式变幅）变幅机构

动臂式变幅是通过钢丝绳滑轮组使吊臂俯仰摆动来实现的，动臂式变幅机构与普通的卷扬机的结构差不多，有电动机、制动器、联轴器、减速器和卷筒等组成，由于整个吊臂结构及载荷都是由变幅绳支持，要特别注意变幅机构的安全可靠。为了增加机构的安全可靠性，防止变幅过程中超速现象，在变幅机构中有时还装设特殊的安全装置，有些动臂变幅机构也有采用双制动器，以确保变幅的安全可靠性。动臂变幅式塔机具有较大的起升高度、拆装比较方便，臂架结构受力状态好；其缺点是幅度的利用效率低，变幅速度不均匀，重物一般不能水平移动，变幅功率较大。

2.4.3　塔机的回转机构

塔机的回转运动，在于扩大机械的工作范围。当吊有物品的起重臂架绕塔机的回转中心做 360° 的回转时，就能使物品吊运到回转圆所及的范围以内。这种回转运动是通过回转机构来实现的。

塔机回转机构由电动机、液力联轴器、制动器、变速箱和回转小齿轮等组成。回转机构的传动方式一般是电动机通过液力耦合器、变速箱带动小齿轮围绕大齿圈转动，驱动塔机回转以上部分作回转运动，如图 2-24 所示。

2.4.4 塔机的大车行走机构

塔机的大车运行机构使整台塔机移动位置，改变其作业地点，一般情况下其大车运行机构只适合塔高 40～60m 以下使用，行走式塔机超过规定的行走高度使用时，必须将改装为固定附着式塔机。行走装置可分为轮胎行走装置、履带行走装置和轨道行走装置。轨道行走装置又称大车行走机构。现将最常见的大车行走机构做简要介绍。

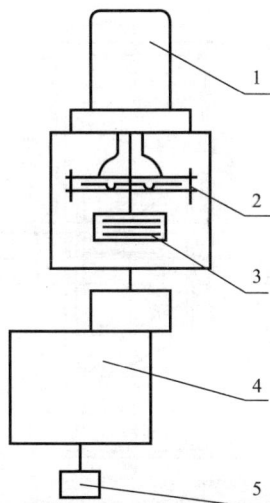

图 2-24 回转机构示意图
1—电动机；2—液力联轴器；
3—盘式制动器；4—变速箱；
5—回转小齿轮

四轮塔机的大车行走机构或设在底架的前方或设置在底架的一侧，多采用绕线电动机驱动，电动机带动减速机，减速机再通过中间转动轴和开式传动带带动行走轮而使塔机沿轨道运行；八轮塔机在底架四角各设置一座台车，每个台车又由 2 个行车轮组成，行走机构的传动多是呈对角线设置（称主动台车），行走机构固定于主动台车的金属结构上，通过中间齿轮和齿圈带动行走轮转动；装有 12 个行走轮的塔机，底架四角各设有 2 个台车，其中一个为主动台车，有 2 个行走轮，另一个为从动台车，只有 1 个行走轮。大车行走机构固定在主动台车的金属结构车架上，电动机通过减速机、开式齿轮传动带动行走轮沿着轨道运行。一般 8 轮塔机只有 2 个主动台车，而 12 轮塔机预装有 4 个主动台车。

大车行走机构中的减速机可以是蜗轮减速器、圆柱齿轮减速器或摆线针轮行星减速器。有的塔机行走速度比较快，为实现平稳的启动和制动，在电动机和减速器之间设置液力联轴器，并在电动机另一端装设了摩擦片式电磁制动器。

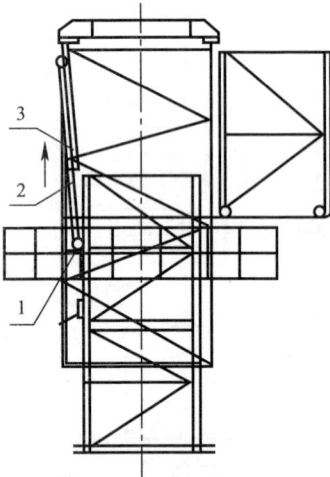

图 2-25　加节示意图
1—泵站；2—爬升支撑装置；
3—液压缸

2.4.5　塔机的液压爬升机构

1. 爬升机构的功能是使塔机的上部塔身和回转部分升降，从而改变塔机的工作高度。液压爬升机构主要是靠安装在爬升架一侧的液压缸、液压泵站、高压油管和顶升横梁等来完成，如图 2-25 所示。

液压爬升系统均由液压泵、液压缸、控制元件（平衡阀、换向阀）、液压锁、油箱、滤油器、管道和接头等元件组成，如图 2-25 所示。液压缸设在塔身标准节内的属于中央爬升系统，液压缸设在爬升套架一侧的属于侧爬升系统。这两种塔机液压爬升系统一般采用单油缸，只有被爬升部分的重量比较大时，才采用双油缸。无论爬升油缸所处位置如何，塔机在爬升状态下都应使上部重量的重心作用在油缸的轴心线上，以减少爬升过程的附加摩擦阻力。实现这种最佳爬升状态的方法，是通过改变小车在吊臂上的位置及平衡载荷。在爬升时风力不大于使用说明书的规定值。

2. 爬升支撑装置，如图 2-26 所示，应有直接作用于其上的预定工作位置保持与锁定装置，如图 2-27 所示，在正常加节、降节作业中，塔机未到达稳定支撑状态前，如塔机回落到安全状

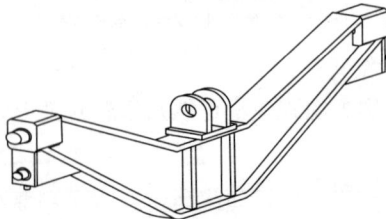

图 2-26　爬升支撑装置（爬升横梁）

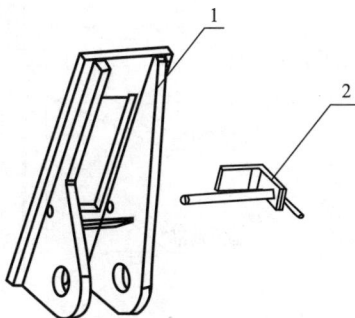

图 2-27　爬升防脱装置
1—防脱耳板；2—销轴

态或被换步支撑装置安全支撑前，即使爬升装置有意外卡阻，其运动也应受爬升油缸控制。爬升式塔机换步支撑装置图工作承载时，应有预定工作位置保持功能或锁定装置，如图 2-28 所示。

爬升换步装置
（套架卡板）

标准节踏步

图 2-28　爬升换步装置位置图

3. 塔机爬升液压系统一般采用中高压液压系统，以减小油缸的直径，提高爬升结构系统的紧凑性，如图 2-29 所示，为塔机液压爬升系统示意图。

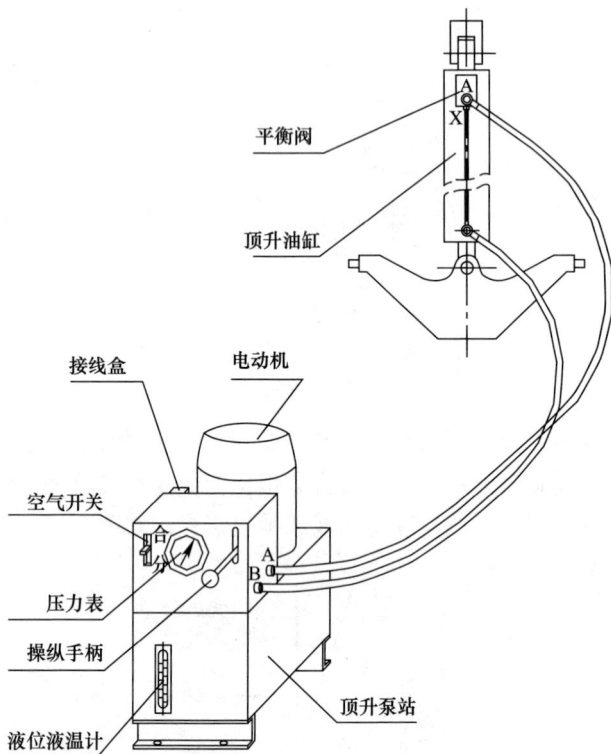

平衡阀

顶升油缸

接线盒　　电动机

空气开关

压力表

操纵手柄

液位液温计

顶升泵站

图 2-29　爬升液压系统图

液压系统使用注意事项:

（1）油液清洁处理

首先旋开空气滤清器，加入过滤的液压油至油箱上油标上限止，方可启动油泵电机。

（2）系统管路连接

首选检查高压胶管口清洁与否，然后将液压站的 AB 口与油缸两腔油口通过高压胶管连接并拧紧接头。

（3）系统排气

启动电机，拧松油缸上的高压胶管接头，移动手动换向阀的手柄与上升位置，使液压油进入管内，将空气从 A 口溢出，直至油液从接头处流出且无气泡为止，然后拧紧高压胶管接头。

4. 爬升操作：

操作前检查油缸与机架连接是否正确可靠，检查塔机关联部件是否达到相关技术要求后再进行操作。上升下降操作：启动电机，将操作手柄移至上升位置，油缸活塞杆伸出，将连接在活塞杆上的顶升横梁两端销轴放置在合适的塔身标准节踏步圆弧槽内，进行顶升加节（或拆卸塔身）工作。

以 QTZ63 塔式起重机液压顶升系统为例。该系统属侧向顶升系统，液压顶升系统的工作情况如下液压爬升系统在爬升状态下塔机上部重量的重心作用在油缸轴心线上，以减少爬升过程中附加摩擦阻力。其液压爬升工作情况如下：

（1）爬升前的准备

1）爬升作业应在白天进行，作业时最大高度处风速应符合塔机说明书的规定，在爬升过程中，把回转部分紧紧刹住，严禁回转及其他作业，在爬升过程中，如发现故障，必须立即停车检查。

2）清理好各个标准节，在标准节连接处涂上黄油，将待爬升加高用的标准节在爬升位置时的起重臂下排成一列，这样能使塔机在整个爬升加节过程中不用回转机构动作，能使爬升加节过程所用时间最短。

3）放松电缆长度略大于总的爬升高度，并固定好电缆。

4）将起重臂旋转至爬升套架前方，平衡臂处于套架的后方（爬升油缸正好位于平衡臂下方）。

5）在套架平台上准备好塔身高强度螺栓。

（2）爬升前塔机的配平

1）塔机配平前，必须先将小车运行到配平参考位置，并吊起一节标准节（50m 臂长，小车停在约在 13m 幅度处；45m 臂长，小车停在约 16.5m 幅度处。实际操作中，观察到爬升架上四周12 个导轮基本上与塔身标准节主弦杆脱开时，即为理想位置）。然后拆除回转下支座四支脚与标准节的连接螺栓。

2）将液压爬升系统操纵杆推至"爬升方向"，使套架爬升至下支座支脚刚刚脱离塔身的主弦杆。

3）通过检验下支座支脚与塔身主弦杆是否在一条直线上，并观察套架 8 个滚轮与塔身主弦杆间隙是否基本相同，检查塔机是否平衡。略微调整小车的位置，直至平衡。这时塔机上部重心落在爬升油缸轴心线的位置上。

4）记下起重臂小车的配平位置，但要注意，这个位置随起重臂长度不同而改变。

5）操纵液压系统使套架下降，连接好下支座和塔身标准节间的连接螺栓。

6）将吊起的标准节放下。

（3）爬升作业

1）将安装好四个引进滚轮的塔身标准节吊起并安放在外伸框架上（标准节踏步侧必须与已安装好的标准节踏步一致），再吊起一个标准节调整小车到配平的位置，然后卸下塔身与下支座的 8 个 M30×2×350 的连接螺栓。

2）开动液压系统，将爬升支撑装置（爬升横梁）顶在塔身就近一个踏步上，并将爬升支撑装置的锁紧销轴插入踏步销孔内。

3）再开动液压系统使活塞杆伸长约 1.25m。放平爬升套架上的爬升换步装置（套架卡板），稍缩活塞杆，使爬升换步装置搁在塔身的踏步上。

4）抽出爬升支撑装置上的锁紧销轴，将油缸全部缩回，重新使爬升支撑装置爬在塔身上一个踏步上，并将锁紧销轴插入踏步销孔内。

5）再次开动液压系统使活塞杆伸长约 1.25m。此时塔身上方恰好能有装入一个标准节的空间，利用引进滚轮在外伸框架上滚动，人力把标准节引至塔身的正上方，对准标准节的螺栓连接孔，稍缩油缸至上下标准节接触时，用 8 个 M30 高强度螺栓将上下塔身标准节连接牢靠，预紧力矩为 2.5kN·m，卸下引进滚轮。

6）若继续加节，则可重复以上步骤。当爬升加节完毕，可调整油缸的伸缩长度，将下支座与塔身用 8 个 M30×2×350 高强度螺栓连接牢固，即完成爬升作业。

爬升作业时要特别注意锁紧销轴的使用。在爬升中，司机要听从指挥，严禁随意操作，防止臂架回转。

2.5 塔式起重机的驱动控制系统

电气系统是塔机动力源，是整个塔机的驱动控制核心，主要安放在驾驶室内。通过这个系统，把电源的电能输给电动机，并根据操作人员的指令和安全保护装置的信号，通过操作台和控制箱中各控制元件的动作，驱动各机构的启动、调速、制动和换向，电气系统的工作情况决定了塔机的可靠性、安全性和使用性能。

2.5.1 电气系统的特点

1. 重复短期工作制，启动频繁，有正反向运动。
2. 有较好的高速性能。
3. 各机构负载特点不同。
4. 在建筑工地户外使用。
5. 经常转移、拆卸、安装。

2.5.2 电气系统的分类

塔机的电气系统可分为动力线路和控制线路两个部分，动力线路是指塔机的电动机如何与电力供电系统相连接，也称为主回路；控制线路的作用是发出控制指令，实现对主回路的控制，驱动控制系统的控制线路可分为以下两种：

1. 传统继电器控制电路

传统的控制电路最基本的元件包括接触器、中间继电器、时间继电器、限位开关等电气元件，通过联动台或限位开关发出的指令信号控制接触器线圈的通断，来达到控制塔机的目的，这种控制电路比较普及，适合基层维修人员的维护管理。

2. PLC 控制系统

PLC 控制系统（Programmable Logic Controller），称为可编程逻辑控制器，是专为工业生产设计的一种数字运算操作的电子装置，它采用一类可编程的存储器，用于其内部存储程序，PLC 模块分为输入端和输出端，塔机的各种工作参数和指令均接入 PLC 的输入端，输出端通过数字或模拟式输入 / 输出控制各机构的工作过程。PLC 系统结合变频器的使用逐渐成为塔机控制系统的主流技术，通过严格的系统调试、检查运行，保证了逻辑控制与时间参数的精确调整，能够很好的满足各机构各项安全装置的设计要求，提高了系统的安全性、可靠性，能够极大的提高工作效率。

如图 2-30 所示。起升机构应用 PLC+ 变频器组合调速控制系统：

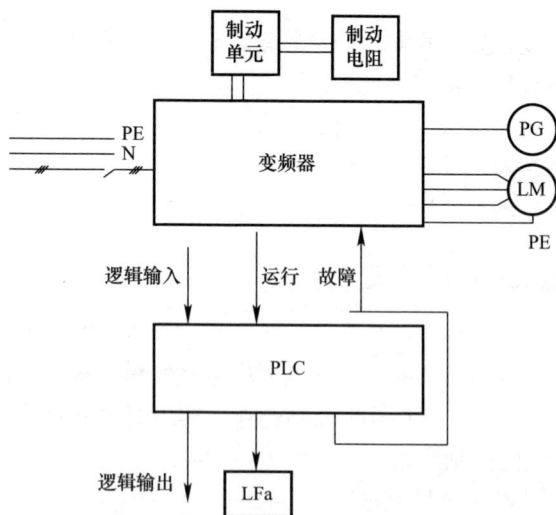

图 2-30 起升机构调速控制系统示意图

3. 辅助线路

电气系统线路中，除主回路，控制线路之外，还有一部分辅助线路衍生于主回路或控制回路，其主要应用于司机室的照明、冷暖、电铃电笛及风速仪和障碍灯的使用。

（1）辅助线路的供电电压为交流 220V，其可直接选用塔机供电的相线和工作零线设置，也可采用单独的变压器进行设置。驾驶室内的照明、冷暖设备、电铃电笛、风速仪等装置可直接接入其线路，因为功率不大，并不影响塔机供电的三相平衡。

（2）依据规范规定，塔顶高度超过 30m 要设置障碍灯，前些年的障碍灯需要接入 220V 电源，用两芯线缆单独走线布置；现阶段均采用了无线太阳能供电技术，白天利用太阳能板对蓄电池充电后，夜晚或多雾光线照明不足时通过光控开关自动启动照明，既杜绝了线路安全隐患，又简化了维护流程。

2.5.3 各机构的电气系统

1. 起升机构。在塔机装机容量中，起升机构电动机功率是最大的，因此衡量其耗能系数中，起升电机功率和起升速度影响最大，也是电气控制中的主要部分。

2. 回转机构。回转机构主要承受和传递水平载荷，如风力、惯性力、摩擦力等形成的载荷。这些载荷的数值随机性较大，不易估计其方向和大小变化，最好采用能适应载荷变化的柔性传动。现代塔机吊臂越来越长，故回转机构电气控制系统也越来越重要。

3. 变幅机构。工作幅度不大时，往往只用一种速度即可，但工作幅度较大时，则必须采用两种或三种速度。为防止过载，小车变幅机构的运动必须有起重力矩限制器中的定码变幅限制开关控制。多速的变幅机构，在向外高速变幅至一定的距离时，还要设有能够自动减速的功能，小车变幅行程限制开关也控制变幅机构的运动。

4. 运行机构。为了防止运动出轨，运行机构的运动必须受终端限位开关的控制。如果制动器是常闭的，控制电路中应设时间延时继电器或逐级制动装置，以防止制动时产生过大的冲击。

5. 架设机构。大部分快速安装塔机不单独设架设机构，而用离合器与起升机构串联一个架设卷筒，即与起升电机联用。但架设操作与起升运动不同，它不应受起重力矩的限制器、起重量限制器、起升高度限制器的限制，而应受架设行程的顺序控制，如伸缩位置、臂架角度、变幅小车安放起升绳固定装置的限位等。这就要求在操作台上设一转换开关，将原来的起升机构控制电路变为架设机构控制电路。

架设机构的控制按钮、手柄不能设在塔顶司机室内里，必须设在地面能够操作的位置。一般用可移动的联动操作台，满足架设和工作两方面的要求。

2.5.4 工作机构的调速方式

塔机各工作机构的调速方式可分为有级调速和无级调速两类。

1. 有级调速

（1）绕线电机转子串可变电阻调速。这种调速方式多用于轻型塔机，由于绕线式电机本身具有较好的启动特性，通过在转子绕组中串接可变电阻，用操作手柄发出主令信号控制接触器切换电阻改变电机的转速，从而实现平稳启动和均匀调速的要求。在负载不变的情况下，电机转速随串接电阻的减少而加快，反之则速度降低。这种调速方式不仅可以用于起升机构中，还可以用于变幅机构、回转机构和大车运行机构中。

（2）变极调速。鼠笼式电机通过改变极数的方法可以获得高低两档工作速度和一档慢就位速度，基本上可满足塔机的调速要求，使机构简化，但换挡时冲击较大，调速范围为 1∶8 左右，且不能较长时间低速运行。主要用于 40t·m 以下的轻小型塔机。变极调速还可增加电磁换档减速器可使调速档数增加一倍，这种调速主要在起重能力 450～900kN·m 的塔机上日趋普及应用。这种调速方式也有应用于轻小型塔机的起升机构，回转机构和变幅机构中。

（3）双电机驱动调速。这种调速应用较多是采用两台绕线型异步电机驱动，其结构如图 2-31 所示。两台绕线型电机通过速比为 1：2 的齿轮相联，一台作为驱动电机，另一台则用作制动电机。双电机调速也可采用一台绕线型电机加一台笼型电机或两台多速笼型电机驱动，可得到不同的调速特性。这种起升机构可在负载运动中调速，能以最大速度实现空钩下降，从而提高生产效率，吊载能精确就位，工作平稳，调速范围大，最大调速范围可达 1：40。但机构相对复杂，其传动部件需专门设计制造。这种调速方式主要应用于大中型塔机上的起升机构中。

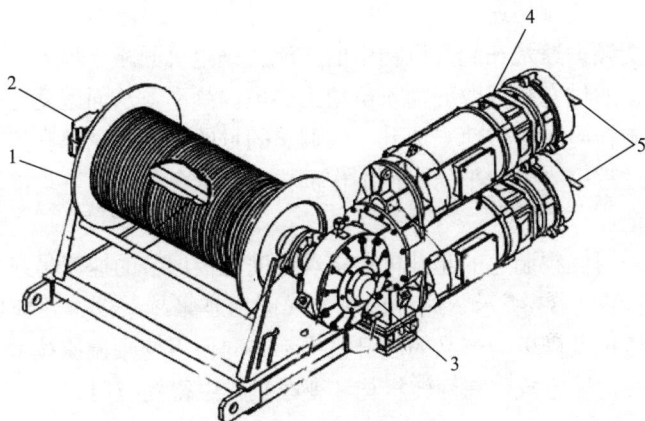

图 2-31　双绕线异步电机起升机构结构示意图
1—卷筒；2—限位器；3—变速箱；4—绕线异步电动机；5—制动器

2. 无级调速

（1）调压调速

调压调速是根据异步电动机在一定的负载下，改变定子电压就会获得某一相应的转速的原理而设计的调速方式。塔机在使用中均采用专用的力矩电机，将可控硅串联在三相交流电路中，通过控制其导通角的大小，来调节力矩电机定子绕组的供电电压的大小，结合涡流制动，从而实现电动机转速的无级调速。缺点是对电压的稳定性要求较高，对于压差大的线路，应调整供给相对稳定的电压。现阶段的各塔机厂商采用的 RCV、RTC 等调速系统就属于此类调压调速范畴，这种调速方式可应用在塔机的回转机构。如图 2-32 所示。

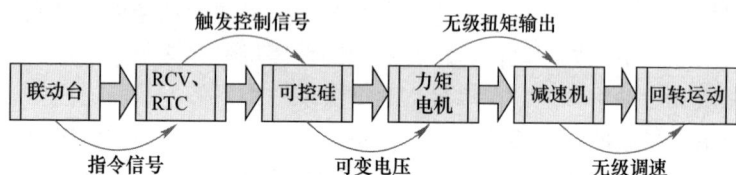

图 2-32　调压调速示意图

（2）变频调速

变频调速是在起升机构中的交流变频电机回路中串入一个变频器，通过变频器改变输入电动机的电源频率，从而改变定子绕组中旋转磁场的转速来达到无级调速的目的。变频调速在启动或制动过程中安全、平稳，使工作机构在任意负载情况下均能平稳准确定位。

采用变频调速的起升机构实现速度无极调节的速度吊载关系曲线如图 2-33 所示。这种调速方式应用越来越普遍，目前国内大型塔机及塔机新产品的起升机构都趋向使用变频调速技术，同时这种调速方式也在回转机构和变幅机构中得到应用。

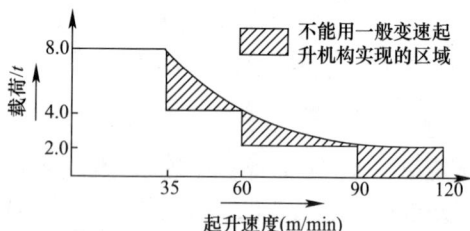

图 2-33　变频调速起升机构无极调速的速度吊载关系曲线

2.5.5　塔机的联动控制台

在司机室内设有座椅，在座椅两侧固定有左操纵台和右操纵台（也称为联动台）。

1. 联动台的组成

联动台可分为分体式和整体式两种。联动台由左、右两部分组成，每一部分又包括联动操纵杆总成和若干按钮主令开关。联动台由左、右控制箱、座椅组成，箱体装配主令控制器，它由操纵机构、换向机构、执行机构组成；各机构可加装电位器，面板上安装各种指示灯和控制按钮，如图2-34所示。

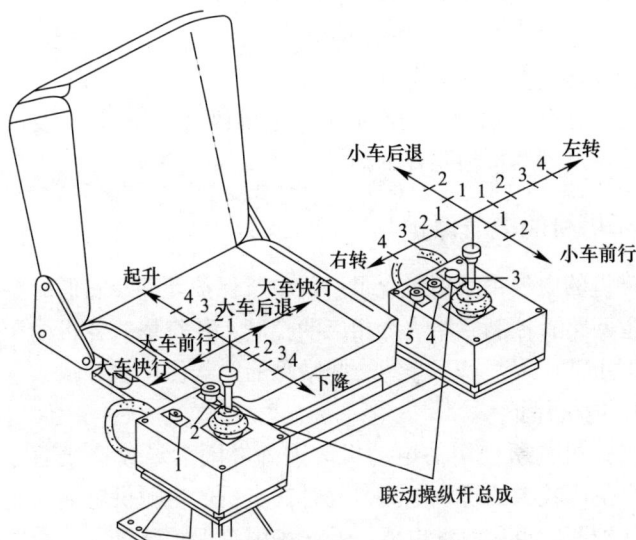

图2-34　FO/23B塔机联动式控制台示意图
1—鸣铃按钮；2—断电开关；3—警示灯；4—变速率；5—回转制动

2. 操作方法

（1）右联动操作杆，控制起升机构和大车行走机构：

1）握住右联动操纵杆前推或后拉，可控制吊钩上升或下降；

2）握住右联动操纵杆向两侧左右摆动，可控制大车前进或后退。

（2）左联动操纵杆控制变幅机构和回转机构：

1）握住右联动操纵杆前推或后拉，可控制小车前行或后退；

2）握住左联动操纵杆两侧左右摆动，可控制臂架左右转动。

（3）左右联动操纵杆可单独或同时控制不同工作机构动作。

（4）随着联动操纵杆移动量的增大或减小，相应工作机构电动机的转速也相应地加快或减慢。

（5）右联动操纵杆的联动台面上一般都附装一个紧急安全按钮，压下该按钮，便可将电源切断。

（6）左联动操纵杆的联动台面上还附装一个回转制动器控制按钮，通过该按钮可对回转机构进行制动。

（7）新生产的塔机联动控制台均具有自动复位功能，老旧塔机则没有自动复位功能。

（8）在任何情况下：不能突然逆操纵（打反车），及吊臂运行中按下制动器按钮强行制动。

2.5.6 塔机的电气保护

塔机的电气系统中包含了一些电气保护元件，它们对整个塔机的主回路、控制回路进行相应的控制，使得塔机各机构在安全状态下正常使用，以下介绍一些常见的电气保护项目。

1. 电机保护

三大机构所使用的电动机如因外界因素导致超载运行，电机会产生比较大的过载电流，此时在电机的电源供电输入侧接入电机保护器，也称热继电器，是一种限流保护装置，其通过的电流超过其额定电流时，就会自动切断线路，起到保护电动机的作用。

2. 断错相保护

塔机的供电如果断相（缺相），使得三相供电不平衡，会导致各电气系统不能正常工作；如果错相（U\V\W 变成 U\W\V），使得三相供电相序相反，导致各机构运转方向相反，给使用操作带来安全隐患。此时可在塔机的总电源输入侧接入断错相保护器，也称相序继电器，当塔机供电电源相序发生断错相时，其会限制总接触器的吸合接通，保护塔机的供电安全。

3. 失欠压保护、零位保护

塔机供电电压过低（欠压）会导致电机烧毁及其他电气元件故障，此时塔机的总接触器在欠压状态下不会吸合，从而从源头上保护了塔机的电气系统；突然断电的失压，重新恢复供电时，也要预防塔机的误动作，此时塔机的启动按钮、联动台的零位互锁保护就起到了失压保护的作用，需要人为的按触操纵后，才能给塔机重新供电，机构才能重新启动。

4. 线路保护

为了防止塔机主、控线路的短路或接地，在塔机的电源侧开关箱内设置相应规格的空气开关和漏电保护器，在塔机的电控箱内，为每套工作机构及线路均设置空气开关，在其过载时能够及时切断电路进行保护。

2.5.7 塔机的电气系统图

塔机的电气系统图可分为三类：结构图、原理图和接线图。

（1）电气系统结构图又称布线图，用来表示塔机各重要电气装置的部位和功能，目的在于让人们对整个起重机电气系统有一个概念。各部分电气装置常用矩形框表示，相互间用线条联系起来，有时还在线条上标注剪头以表示电气设备作用过程的方向。

（2）电气系统原理图，也称电路原理图或电气原理图。在电气系统原理图上可以看到：主电路（又称主回路、一次电路或动力回路）、控制电路（又称二次电路或副电路）以及照明电路、信号电路等辅助电路。

（3）接线图又称安装图，用以满足安装施工和检修的需要，接线图中的各项电气元件、线路接点均用数码标注。接线图中对各导线型号、截面、芯数、导线长度及走线方式也都有明确标注。

2.6 塔式起重机的安全防护装置

安全装置是塔机的重要装置，其作用是使塔机在允许载荷和

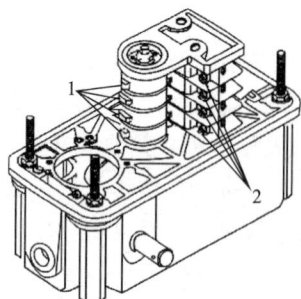

图 2-35　多功能限位器示意图
1—凸块；2—断路器

工作空间中安全运行，保证设备和人身的安全。

目前多功能限位器应用普遍，其工作原理：限位器装在卷筒一端直接由卷筒带动，也可由固定于卷筒上的齿圈与小齿轮啮合来驱动，通过驱动若干个凸块 1，这些凸块会操纵断路器 2 从而切断相应的运动。如图 2-35 所示。

2.6.1　安全装置的类型及作用

1. 运动限制器

（1）起升高度限位器

主要用来防止吊钩上升时操纵失误碰坏起重机臂架结构或拉断钢丝；降落时卷筒上的钢丝绳松脱甚至反方向缠绕。

对动臂变幅式塔机，当吊钩装置顶部升至起重臂下端的最小距离为 800mm 处时，应能立即停止起升运动，对没有变幅重物平移功能的动臂变幅式塔机，还应同时切断向外变幅控制回路电源，但应有下降和向内变幅运动。

对小车变幅式塔机，吊钩装置顶部升至小车架下端的最小距离为 800mm 处时，应能立即停止起升运动，但应有下降运动。

所有型式塔机，当钢丝绳松弛可能造成卷筒乱绳或反卷时应设置下限位器，在吊钩不能再下降或卷筒上钢丝绳只剩 3 圈时应能立即停止下降运动。当塔机顶升后需重新调整起升高度限位器。

（2）幅度限位器

1）小车变幅幅度限位器

对于小车变幅式塔机，设置小车幅度限位器和终端缓冲装置，作用是使变幅小车在即将行驶到最小幅度或最大幅度时，断开变幅机构的单向工作电源，防止小车发生越位事故，以保证小车安全运行。限位开关动作后应保证小车停车时其端部距缓冲装置最小距离为 200mm。

2）动臂变幅幅度限位器

对动臂变幅式塔机，设置幅度限位器，在臂架到达相应的极限位置前限位器动作，停止臂架往极限方向变幅；此外，动臂变幅式塔机还应设置臂架极限位置的限制装置，该装置应能有效防止臂架向后倾翻。

3）回转限位器

对回转处不设中央集电器供电的塔机应设置回转限位器，使正反两个方向回转角度控制在 ±540°内，用以防止电缆线缠绕损坏，也用于避免与障碍物发生碰撞等。当塔机回转处采用中央集电环供电时可不设置回转限位器。

4）运行（行走）限位器

用于行走式塔机，限制大车行走范围，防止出轨。对于轨道运行的塔机，每个运行方向应设置限位装置，其中包括限位开关、缓冲器和终端止挡；应保证开关动作后塔机停车时其端部距缓冲器最小距离为 1000mm，缓冲器距终端止挡器最小距离为 1000mm。

2. 防止超载装置

（1）起重力矩限制器

起重力矩限制器是塔机重要的安全装置之一，塔机的结构计算和稳定性验算均以最大额定起重力矩为依据。起重力矩限制器的作用是控制塔机使用时不得超过相应幅度起重力矩的额定值。

起重力矩限制器控制定码变幅的触点和控制定幅变码的触点应分别设置，且能分别调整；当起重力矩大于相应幅度额定值并小于额定值110%时，应停止上升和向外变幅动作；对小车变幅式塔机，其最大变幅速度超过 40m/min，在小车向外运行，且起重力矩达到额定值的 80% 时，变幅速度应自动转换为不大于 40m/min 的速度运行。

起重力矩限制器仅对在塔机垂直平面内起重力矩超载时起限

制作用，而对由于吊钩侧向斜拉重物、水平面内的风载、轨道的倾斜和塌陷引起的水平面内的倾翻力矩不起作用。

（2）起重量限制器

起重量限制器也是塔机上重要的安全装置之一，起到限制最大起重量，保护起升机构的作用。当起升载荷超过额定载荷时，该装置能输出电信号，切断起升控制回路，并能发出警报，达到防止起重机超载的目的。

塔机必须安装起重量限制器，当起重量大于相应档位的额定起重量并小于额定起重量的110%时，该装置能自动切断起升机构上升方向的电源，但应有下降方向动作；具有多档变速的起升机构，限制器应对各档位具有防止超载的作用。

3. 止挡联锁装置

（1）小车断绳保护装置

对于小车变幅式塔机，变幅双向均应设置小车断绳保护装置，用于防止小车牵引绳断裂导致小车失控现象。

（2）小车防坠落装置

对于小车变幅式塔机，变幅小车上设小车防坠落装置，用以防止因变幅小车车轮失效而导致小车脱离臂架坠落，装置应在失效点下坠10mm前作用。

（3）钢丝绳防脱装置

起升与变幅滑轮的入绳和出绳的切点附近、起升卷筒及动臂变幅卷筒均应设有钢丝绳防脱装置，用来防止滑轮、起升卷筒及动臂变幅卷筒等装置的钢丝绳脱离滑轮或卷筒。该装置表面与滑轮或卷筒侧板外缘间的间隙不应超过钢丝绳直径的20%，装置可能与钢丝绳接触的表面不应有棱角。

卷扬机驱动的自行架设塔机架设绳轮系统，滑轮组间钢丝绳采用交叉8字形穿绕时可不设钢丝绳防脱装置。

（4）爬升防脱装置

爬升式塔机爬升支撑装置（爬升横梁）是直接作用于爬升支撑装置上的预定工作位置保持与锁定的装置，用以防止自升式塔机在正常加节、降节作业时，爬升横梁从塔身支承中或油缸端头的连接结构中自行脱出。在正常加节、降节作业中，塔机未到达稳定支撑状态前，即使爬升装置有意外卡阻，其运动也应受爬升油缸控制。

（5）抗风防滑装置（夹轨器）

对轨道运行的塔机，应设置非工作状态抗风防滑装置且其强度应符合要求，抗风防滑装置应能使整机在预定的非工作风力下在轨道上不移动。用以防止行走式塔机在遭遇大风时自行滑行，造成倾翻；在工作时，应保证夹轨器不妨碍塔机运行。

4. 报警及显示记录装置

（1）报警装置

用以在塔机载荷达到规定值时，向塔机司机自动发出声光报警信息。在塔机达到额定起重力矩或额定起重量的 90% 以上时，装置应能向司机发出断续的声光报警；在塔机达到额定起重力矩或额定起重量的 100% 以上时，装置应能发出连续清晰的声光报警，且只有在载荷降低到额定工作能力 100% 以内时报警才能停止。

（2）显示记录装置

用以以图形或字符方式向司机显示塔机当前主要工作参数和额定能力参数。

显示的工作参数一般包含当前工作幅度、起重量和起重力矩，额定能力参数一般包含幅度及对应的额定起重量和额定起重力矩。

（3）风速仪

除起升高度低于 30m 的自行架设塔机外，应配备风速仪，当风速大于工作允许风速时，应能发出停止作业的警报，提醒塔机司机及时采取防范措施。在任何情况下，传达给司机的警报信号，应有预警等级和报警登记的区分。

（4）工作空间限制器

用户需要时，塔机可装设工作空间限制器。对单台塔机，工作空间限制器在正常工作时根据需要限制塔机进入特定区域或进入特定区域后不允许吊载。对群塔作业，工作空间限制器还应限制塔机的回转、变幅和整机运行区域以防止塔机间结构、起升钢丝绳或吊载发生相互碰撞。

因工作空间限制器不能脱离塔机独立工作，当塔机电源切断时，工作空间限制器电源应同时自动切断。当塔机停止工作时，防碰撞装置仍需运行的，在切断塔机动力和控制电源后，应继续给防碰撞装置供电。

2.6.2　起重量限制器

起重量限制器主要有机械式和电子式，其中常用的机械式限制器有推杆式和测力环式。

1. 测力环式起重量限制器

如图 2-36 所示，为一测力环式起重量限制器外形及工作原理图。它是由测力环、导向滑轮及限位开关等部件组成。其特点是体积紧凑，性能良好，便于调整。

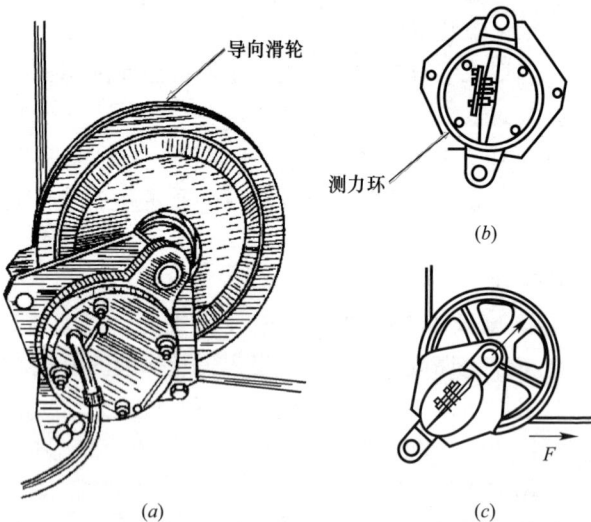

图 2-36　测力环式起重量限制器外形及工作原理图
（a）外形；（b）无载或负荷小时；（c）负荷大或超载时

测力环的一端固定于塔机机构的支座上，另一端则固定在导向滑轮轴上。当塔机吊载重物时，滑轮受到钢丝绳合力作用，并将合力传给测力环，测力环外壳产生弹性变形；测力环内的金属板条与测力环壳体固接，随壳体受力变形而延伸；当载荷超过额定起重量时，测力环内的金属板条压迫限位开关，使限位开关动作，从而切断起升回路电源，达到对起重量超载进行限制的目的。

使用时，可根据载荷情况来调节固定在金属板条上的调整螺栓，调整设定动作荷载限值。

2. 杆式起重量限制器

如图 2-37 所示，为一推杆式起重量限制器构造示意图。这种限制器一般装在起重臂根部，由导向滑轮、弹簧推杆、力臂及限位开关等部件组成。由于塔机吊重的作用，起升钢丝绳 2 受到拉力，来推动力臂 5，力臂又作用于弹簧推杆 4。当负载达到一

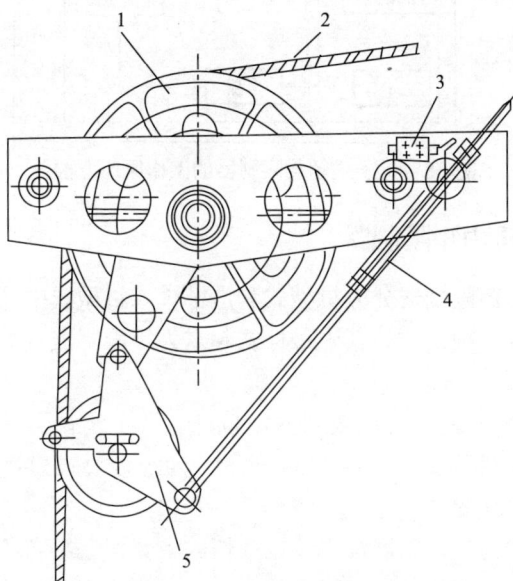

图 2-37 推杆式起重量限制器构造示意图
1—导向轮；2—起升钢丝绳；3—限位开关；4—弹簧推杆；5—力臂

定限值时，推杆便压迫限位开关 3 动作，通过限位开关来切断起升回路电源。

3. 电子式起重量限制器

近年来，随着电子技术的发展，电子式超载限制器已应用于塔机的超载控制。它可以根据事先调节好的重量来报警。电子式超载限制器体积小、重量轻、精度高，并且可随时显示起吊物品重量。其工作原理方框图如图 2-38 所示。

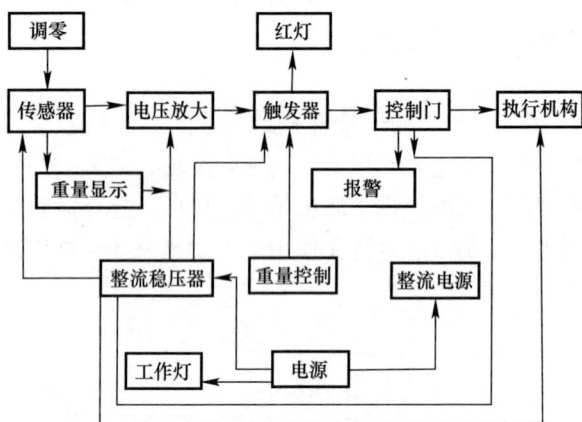

图 2-38　电子式超载限制器的工作原理方框图

2.6.3　起重力矩限制器

起重力矩限制器分为机械式和电子式，机械式中又有弓板式和杠杆式等多种形式。其中弓板式起重力矩限制器目前应用比较广泛。

1. 弓板式起重力矩限制器由拉杆、调节螺钉、弓形板、微动开关等部件组成。如图 2-39 所示，为一弓板式力矩限制器外形及工作原理图。

弓式力矩限制器常安装在塔帽的主弦杆上。当塔机吊载重物时，由于载荷的作用，塔帽的主弦杆产生变形；这时力矩限制器通过拉杆带动弓形板随之变形，使弓形板上的调节螺钉与微动

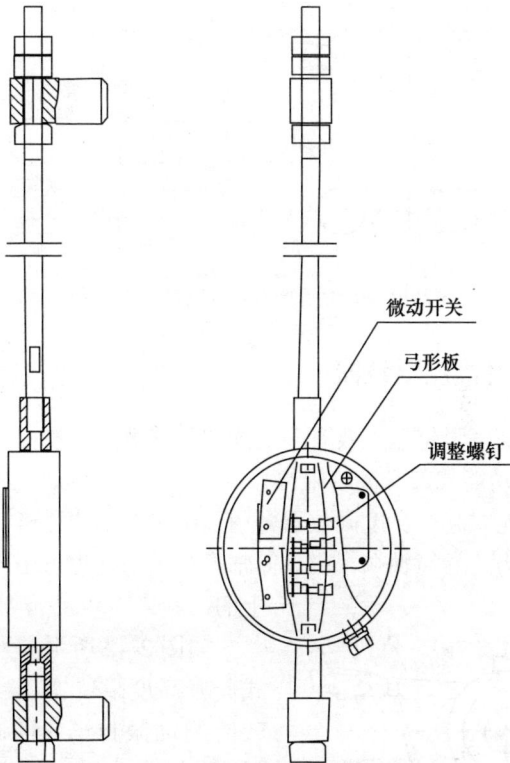

图 2-39 弓板式力矩限制器的构造图

开关的距离随载荷的增加而逐渐缩小。当载荷达到额定载荷时，通过调节螺钉来压迫微动开关，从而切断起升机构和变幅机构的电源，达到限制塔机的吊重力矩载荷的目的。

2. 电子式力矩限制器，是由起重量限制器、起重臂仰角检测器和起重臂长度检测器检测的数据，经过电子仪器处理和显示读数后送入电子乘法器进行运算处理，与设定的额定起重力矩进行比较，若超载，继电器就会自动切断工作机构电源，起到保护作用。如图 2-40 所示。

电子起重力矩限制器克服了机械式力矩限制器的缺点，已在各类塔机上应用。

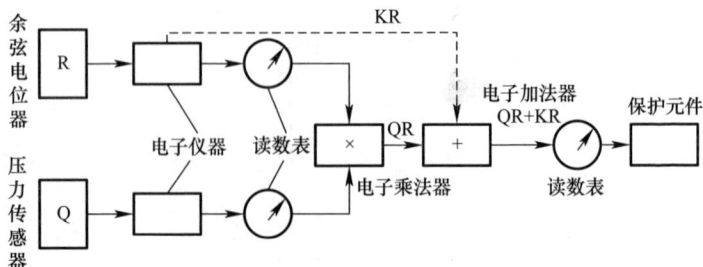

图 2-40　电子起重力矩限制器一般原理图

2.6.4　起升高度限位器

起升高度限位器主要有多功能式和重锤式、杠杆式等。

1. 多功能式起升高度限位器

多功能式起升高度限位器多用于小车变幅式塔机，一般安装在起升机构的卷筒轴端，由卷筒轴直接带动，也可由固定于卷筒上的齿圈来驱动。

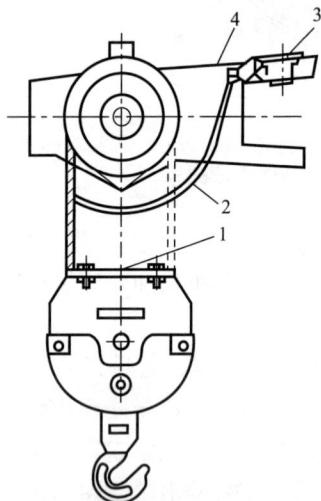

如图 2-42 所示，为一多功能式起升高度限位器。当卷筒 2 旋转时驱动限位器 1 的减速装置，减速装置带动若干个凸块 3 转动，凸块 3 作用于触头 4，从而切断起升机构上升控制回路电源，使吊钩停止上升运动。

2. 杠杆式起升高度限位器

杠杆式起升高度限位器一般也用于动臂变幅式塔机，多固定于起重臂端头。

如图 2-41 所示，为一杠杆式起升高度限位器。当吊钩上升到极限位置时，固定于吊钩滑轮上的托板 1 便触到撞杆 2，使撞杆

图 2-41　杠杆式起升高度限位器的构造简图
1—托板；2—撞杆；3—行程开关；4—臂头

转动一个角度，撞杆的另一端压下行程开关的推杆，使行程开关3断开，从而切断起升机构上升控制回路电源，使吊钩停止上升运动。

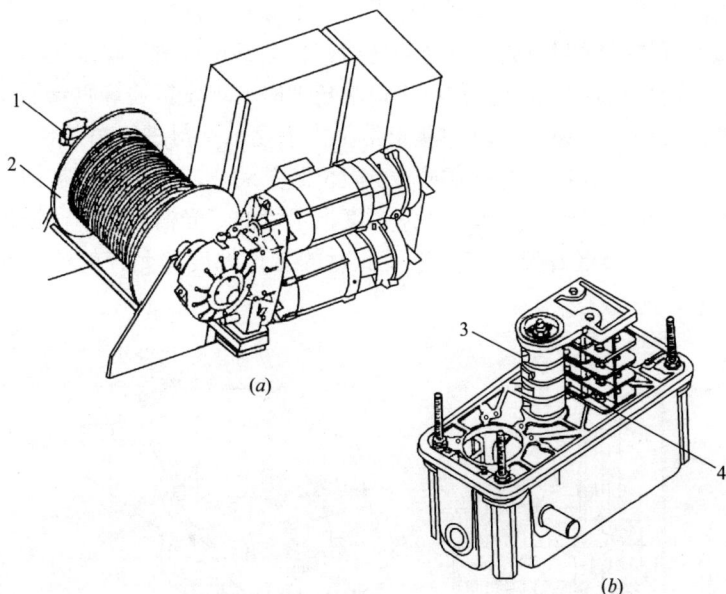

图 2-42　多功能式起升高度限位器构造及工作原理图
（a）起升机构；（b）限位器
1—限位器；2—卷筒；3—凸块；4—触头

2.6.5　幅度限位器

1. 小车变幅式塔机幅度限位器

同多功能式起升高度限位器一样，一般安装在小车变幅机构的卷筒一侧，由卷筒轴直接带动，也可由固定于卷筒上的齿圈来带动。工作原理与高度限位相同。

2. 动臂式塔机幅度限位器

对于动臂式塔机，应设置臂架幅度限位开关，以防止臂架后翻。动臂式塔机还应安装幅度指示器，以便塔机司机能及时掌握幅度变化情况。如图 2-43 所示，为动臂式塔机的一种幅度指示器，装设于塔爬臂根铰点处，具有指示臂架工作幅度及防止臂架向极限幅度变幅的功能。图示的幅度指示及限位装置由一半圆形活动转盘 6、刷托 5、座板 4、拨杆 1、限位开关 7 等组成，拨杆随臂架俯仰而转动，电刷根据不同角度分别接通指示灯触点，将起重臂的不同仰角通过灯光亮熄信号传递到司机室的幅度指示盘上。当起重臂与水平夹角小于极限角度时，电刷接通蜂鸣器而发出警告信号，说明此时并非正常工作幅度，不得进行吊装作业。当臂架仰角达到极限角度时，上限位开关动作，变幅电路被切断电源，从而起到保护作用。从幅度指示盘的灯光信号指示，塔机司机可知起重臂架的仰角以及此时的工作幅度和允许的最大起重量。

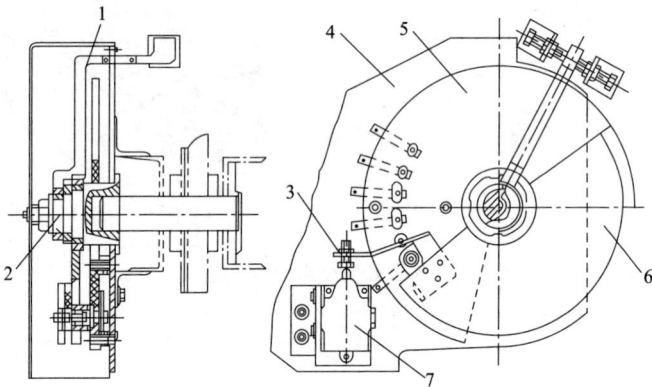

图 2-43　动臂式塔机幅度指示器
1—拨杆；2—心轴；3—弯铁；4—座板；5—刷托；
6—半圆形活动转盘；7—限位开关

如图 2-44 所示，为一种动臂式塔机所使用的简单幅度限制器。

当吊臂接近最大仰角和最小仰角时，夹板 2 中的档块 3 便推动安装于臂根铰点处的限位开关 4 的杠杆传动，从而切断变幅机构的电源，停止吊臂的变幅动作。可通过改变档块 3 的长度来调节限制器的作用过程。

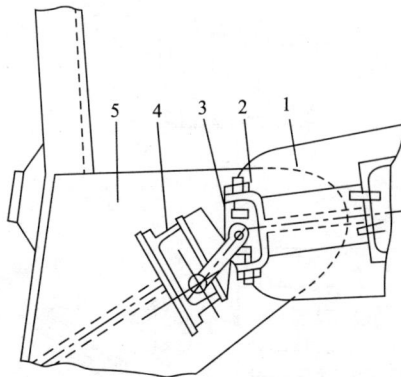

图 2-44 动臂式塔机幅度限制器

1—起重臂；2—夹板；3—挡块；4—终点开关；5—臂根支座

2.6.6 运行（行走）限位器与抗风防滑装置（夹轨器）

1. 运行（行走）限位器

运行（行走）限位器如图 2-45 所示，为一运行（行走）限位器，通常装设于行走台车的端部，前后台车各设一套，可使塔机在运行到轨道基础端部缓冲止挡装置之前完全停车。限位器由限位开关、摇臂、滚轮和碰杆等组成，限位器的摇臂居中位时呈通电状态，滚轮有左右两个极限工作位置。铺设在轨道基础两端的位于钢轨近侧的坡道碰杆起着推动滚轮的作用，根据坡道斜度方向，滚轮分别向左或向右运动到极限位置，切断大车行走机构的电源。

2. 抗风防滑装置（夹轨器）

抗风防滑装置（夹轨器）是轨道式塔机必不可少的安全装置，夹紧在轨道两侧，其作用是塔机在预定的非工作状态下，防止遭遇大风时塔机滑行。

如图 2-46 所示，为塔机夹轨器结构简图。夹轨器安装在每个行走台车的车架两端，非工作状态时，把夹轨器放下来，转动螺栓 2，使夹钳 1 夹紧在起重机的轨道 3 上，工作状态下，把夹轨器提起来。

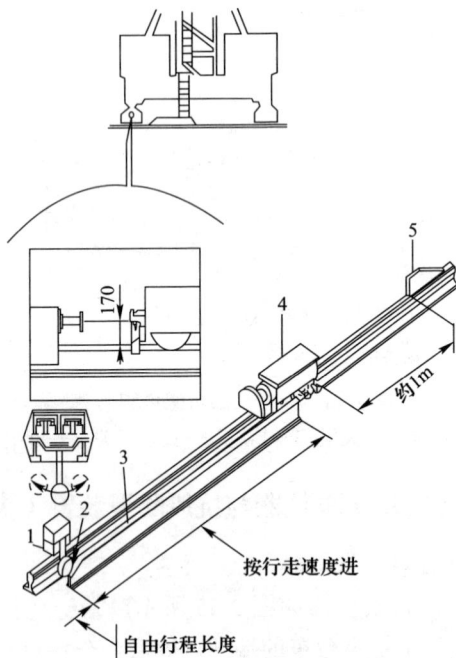

图 2-45 行走式塔机运行限位器

1—限位开关；2—摇臂滚轮；3—坡道；4—缓冲器；5—止挡块

170

约1m

按行走速度进

自由行程长度

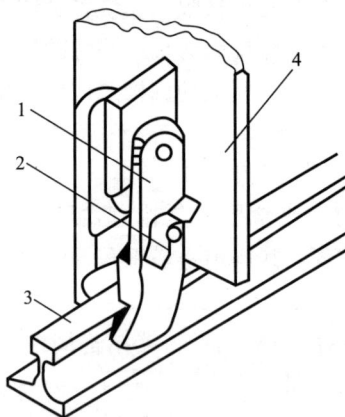

图 2-46 塔机夹轨器结构简图

1—夹钳；2—螺母；3—钢轨；4—台车架

2.6.7 小车断绳保护装置与小车防坠落装置

1. 小车断绳保护装置

常见的小车断绳保护装置为重锤式偏心档杆，如图 2-47 所示。正常运行时档杆 2 平卧，张紧的牵引钢丝绳从导向环 3 穿过。当小车牵引绳断裂时，档杆 2 在偏心重锤 6 的作用下，翻转直立。

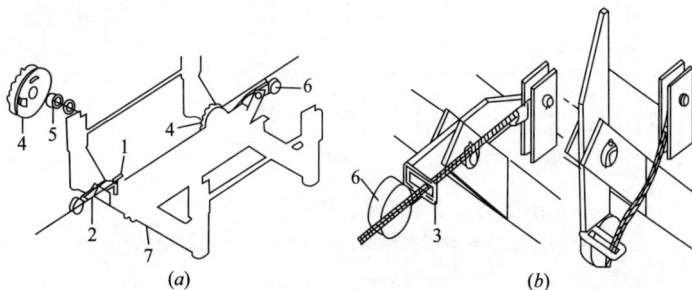

图 2-47　小车断绳保护装置

（a）小车钢丝绳工作完好；（b）小车钢丝绳断裂、断绳装置起作用
1—牵引绳固定绳环；2—挡杆；3—导向环；4—牵引绳棘轮张紧装置；
5—挡圈；6—重锤；7—小车支架

2. 小车防坠落装置

为了防止载重小车滚轮在出现断裂时小车从高空坠下，在载重小车上应设置小车防坠落装置。

如图 2-48 所示，为小车断轴保护结构示意图。小车断轴保护装置即是在小车架左右两根横梁上各固定两块挡板，当小车滚轮轴断裂时，挡板即落在吊臂的弦杆上，挂住小车，使小车不致脱落，从而避免造成重大安全事故。

2.6.8 风速仪

它是一种塔式起重机常用的风速仪，当风速大于工作极限风速时，仪表能发出停止作业的声光报警信号，并且其内控继电器动作，常闭触点断开。塔式起重机装此风速仪，把该触点串接在电路中，就能控制塔式起重机安全可靠地工作。如图 2-49 所示。

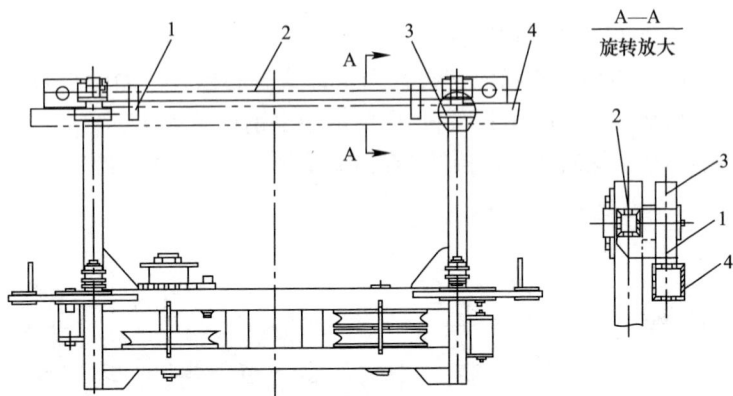

图 2-48 小车断轴保护装置结构示意图
1—挡板；2—小车上横梁；3—滚轮；4—吊臂下弦杆

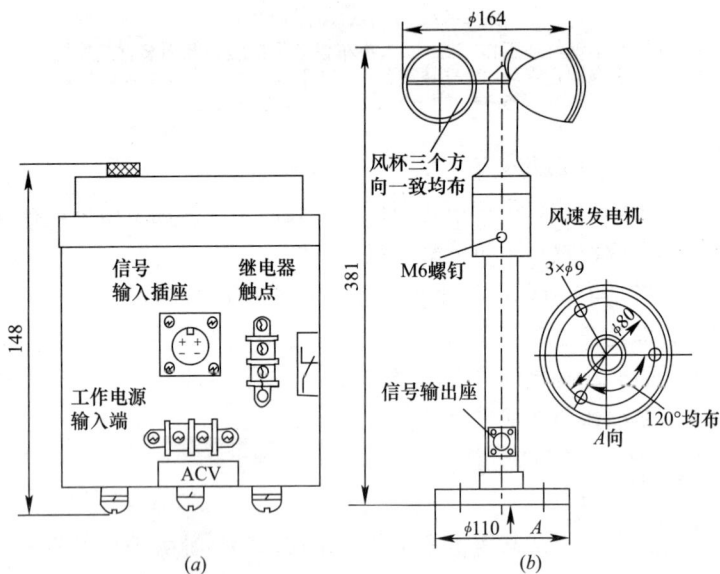

图 2-49 YHQ-1 型风速仪组成示意图
(a) 风速仪内控继电器输入输出端图；(b) 风速传感器

2.6.9 塔机安全监控管理系统

近年来，随着电子信息技术的发展，塔机安全监控管理系统（俗称黑匣子），逐步广泛投入使用。由于其高度整合了以上各种安全保护装置的功能，并智能化展示存储相关工作数据，给塔机操作人员带来工作便利和安全保障。

1. 塔机安全监控管理系统简介

安全监控管理系统是基于传感器技术、嵌入式技术，数据采集技术、数据处理技术、无线传感网络与远程通信技术相融合的安全监控系统平台。可以对塔机安全工作状况实时记录并存储，随时将塔机违规操作进行科学监控，可有效预防和控制违章操作。

（1）实时显示：以图形和数值实时显示当前工作参数，包括起重量、力矩、幅度、回转角度及起升高度等工作相关参数。

（2）临界报警：当起重量、起重力矩超过 90% 额定值时自动发出声光报警，对塔机司机进行预警提示。

（3）安全保护：当起重量、力矩、幅度、回转角度及起升高度等超过额定工作状态时，系统自动切断危险方向动作的工作电源，强迫终止危险动作。

（4）数据记录：记录塔机工作全程，可以通过网络进行远程数据的保存，也能够自身存储一定量的工作循环。

（5）远程监控：能够以无线方式与远程监控管理平台联网，通过远程监控管理平台对塔机运行安全的工况参数实现远程实时动态监控和存储。

2. 塔机安全监控管理系统的硬件结构和原理

（1）信号检测采集系统

主要由起重量传感器，高度、幅度、回转传感器，倾角传感器，风速仪等组成，用于塔机工作信息反馈信号的检测采集。

监控管理系统采集的塔机主要工作参数包括工作幅度，起重量，起重力矩。检测以上参数的传感器是塔机安全监控管理系统的主要核心元件，可分为起重量检测和位移检测两大类别。

1）起重量检测

起重量检测的方法是利用力传感器采集起重量信号，有了起重量数据，对应工作幅度，就可以计算出起重力矩。目前的力传感器都是直接或间接测量出钢丝绳的张力，再考虑使用的倍率，计算出起重量。主要有以下两种类型：

① 单轴测力

原理：直接检测作用在销轴上的剪力，用其代替塔机原有的起重量限位器（测力环）滑轮的滑轮轴。通过销轴传感器上作用力的大小计算出钢丝绳的张力。

② 三轴式测力

原理：利用钢丝绳经过呈三角形分布的三个轴，由钢丝绳的张力在中间的轴上产生压力，通过测量出压力就可以计算出钢丝绳的张力。

2）位移检测

位移传感器用来检测高度、幅度、回转角度的旋转量信号，通过钢丝绳卷筒、回转支承的运动转换为易于检测的旋转运动，从而计算出相应的位移信号。主要有以下三种类型：

① 光电式旋转编码器

该类传感器由信号盘、信号发生器、传感器密封壳体组成，通过编码器进行光信号的转换。缺点是塔机工作时起重臂和平衡臂的震动会影响到其信号的采集灵敏度。

② 电位器

该类传感器核心元件由旋转电位器构成，电位器是一种可调的电子元件。它是由一个电阻体和一个转动的系统组成。当电阻体的两个固定触点之间外加一个电压时，通过转动系统改变触点在电阻体上的位置，在动触点与固定触点之间便可得到一个与动触点位置成一定关系的电压，通过对电压变量的实时采集，起到了实时检测的作用，其抗干扰能力好，但是其数据测量的精度略低，所采集数据的误差范围略大一些。

③霍尔电磁传感器

该类传感器是以霍尔效应为其工作基础，由霍尔元件和附属电路组成的集成式非接触式传感器。霍尔效应是磁电效应的一种，它论证的是当电流垂直于外磁场通过导体时，在导体的垂直于磁场和电流方向的两个端面之间就会出现电势差。磁感应强度的变化就会带来电势差的变化，通过对变化电势差的实时采集，也就实现了实时检测，它测量数据的数值最为精确，抗干扰能力强。

以上传感器一般均封装在多功能限位器内部，与限位器输出轴直接联动采集检测信号。

（2）信号处理及显示系统

由 PLC 可编程逻辑控制器及触摸显示于一体的液晶显示屏组成，用于信号的处理分析及实时显示。

（3）数据传输系统

借助通信网络实现数据的传输，在远程监控的软件端，通过网络实现远程查看塔机的工作参数，并实时针对各类违章信息进行预警显示，通过前端监控装置和后台管理系统无缝融合，可实时动态远程监控、远程报警。见图 2-50 所示为塔式起重机远程监控系统结构示意图，图 2-51 所示为塔式起重机安全监控管理系统安装示意图。

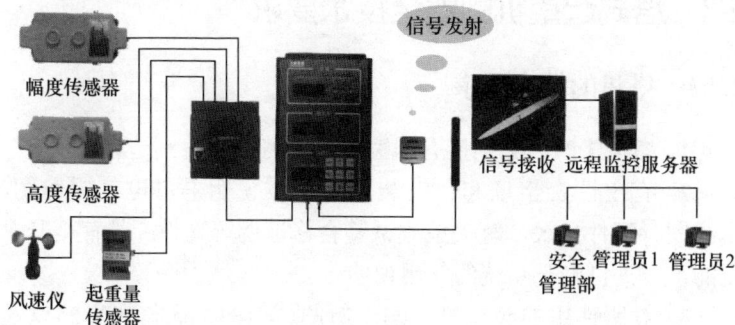

图 2-50 塔式起重机远程监控系统机构示意图

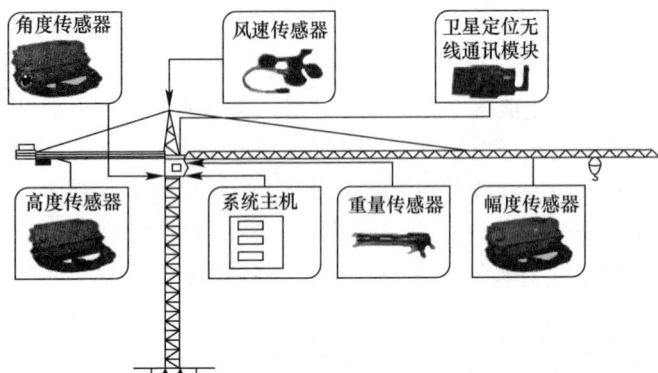

图 2-51 塔式起重机安全监控管理系统安装示意图

2.6.10 塔机的"吊钩可视化"系统

在塔机起重臂最前端安装高清球机，通过变幅传感器和高度传感器与驾驶室的主控制器连接，采集幅度传感器与高度传感器的实际采样值，实现对吊钩位置的智能追踪，智能控制高清摄像头自动对焦，360° 无死角追踪拍摄，危险状况随时可见，同时降低了司机因看不见吊物而产生的安全隐患。通过远程对接，管理人员可对施工现场的环境进行远端可视化监控，全方位保障了塔机在施工作业中的安全监管。

2.7 塔式起重机的安全技术要求

2.7.1 塔机的技术要求

1. 塔机生产厂必须持有国家颁发的特种设备制造许可证。

2. 有出厂合格证和、安装使用维修说明书、电气原理图、布线图、配件目录、有关型式试验合格证明等文件；带有爬升系统的，应提供爬升系统的使用说明。

3. 对所使用的起重机（购入新的、旧的、大修出厂的以及停用一年以上的起重机）应按说明书提供的性能，根据起重机生产国家的有关标准的规定进行第三方检测。

4. 对于购入的旧塔机应有两年内完整运行记录及维修、改造资料，在使用前应对金属结构、机构、电器、操作系统、液压系统及安全装置等各部分进行检查和试车，以保证其工作可靠。

5. 对改造、大修的塔机要有出厂检验合格证。

6. 对于停用时间超过一个月的塔机，在启用时必须做好各部件的润滑、调整、保养、检查。

7. 塔机的各种安全装置、仪器仪表必须齐全和灵敏可靠。

8. 塔机遭到风速超过 25m/s 的暴风（相当于 9 级风）袭击，或经过中等地震后，必须进行全面检查验收，方可投入使用。

9. 有下列情形之一的建筑起重机械，不得出租、安装、使用：

（1）属国家明令淘汰或者禁止使用的；

（2）超过安全技术标准或者制造厂家规定的使用年限的；

（3）经检验达不到安全技术标准规定的；

（4）没有完整安全技术档案的；

（5）没有齐全有效的安全保护装置的；

（6）没有经过验收合格的。

10. 结构件的使用和报废

（1）塔机主要承载结构件腐蚀或磨损大于原厚度的 10% 或计算应力大于原计算应力的 15% 时应予报废。

（2）塔机主要承载结构件如塔身、起重臂等，失去整体稳定性时应报废。如局部有损坏并可修复的，则修复后不应低于原结构的承载能力。

（3）塔机的结构件及焊缝出现裂纹时，应根据受力和裂纹情况采取加强或重新施焊等措施，并在使用中定期观察其发展。对无法消除裂纹影响的应予以报废。

（4）塔机主要承载结构件的正常工作年限按使用说明书要求或按使用说明书中规定的结构工作级别、应力循环等级、结构应力状态计算。若使用说明书未对正常工作年限、结构工作级别等作出规定，且不能得到塔机制造商确定的，则塔机主要承载结构件的正常使用不应超过 1.25×10^5 次工作循环。

（5）塔机出厂后，后续补充的结构件（塔身标准节、预埋节、基础连接件等）的尺寸精度和强度等均不应低于原件。

11. 严禁在安装好的塔身金属结构上安装或悬挂标语牌、广告牌等挡风物件。

12. 塔机的塔身节、起重臂节、拉杆、塔帽等主要承载结构件应有可追溯制造日期的永久性标志。同一塔机的不同规格的塔身节应有永久性的区分标志。

13. 超过一定使用年限的塔机，应予以报废，630kN·m以下（不含 630kN·m）出厂年限超过 10 年（不含 10 年）；630kN·m～1250kN·m（不含 1250kN·m）出厂年限超过 15 年（不含 15 年），1250kN·m 以上出厂年限超过 20 年的塔机，由于使用年限过久，存在设备结构疲劳、锈蚀、变形等安全隐患，超过年限的由有资质评估机构评估合格后，可继续使用。

2.7.2　塔机基础的技术条件

目前，根据塔机类型，塔机基础可分为轨道式基础和固定式基础。固定式基础通常为钢筋混凝土基础，在特殊情况下也有钢结构平台等特殊基础；钢筋混凝土基础通常为整体式基础。

1. 行走式塔机轨道基础

行走式塔机轨道基础必须能承受塔机工作状态和非工作状态的最大载荷，按工作需要可采用碎石基础或混凝土基础，如图 2-52 所示。在基础上放置轨枕，轨枕又有木轨枕、钢筋混凝土轨枕等，轨道铺设在成排的轨枕上。碎石基础应当符合以下要求：

（1）当塔机轨道敷设在地下建筑物（如暗沟、防空洞等）的上面时，应采取加固措施。

（2）敷设碎石前的路面应按设计要求压实，碎石基础应整平捣实，轨枕之间应填满碎石。

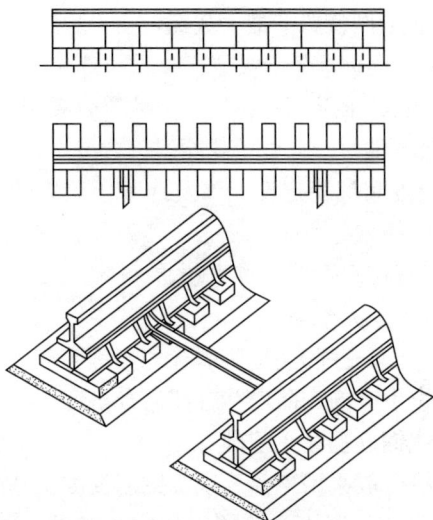

图 2-52　轨道式基础

（3）路基两侧或中间应设排水沟，保证路基无积水。

（4）轨道应通过垫块与轨枕应可靠地连接，每间隔 6m 应设一个轨距拉杆；钢轨接头处应有轨枕支承，不应悬空；在使用过程中轨道不应移动。

（5）轨距允许误差不大于公称值的 1‰，其绝对值不大于 6mm。

（6）钢轨接头间隙不大于 4mm，与另一侧钢轨接头的错开距离不小于 1.5m，接头处两轨爬高度差不大于 2mm。

（7）塔机安装后，轨道爬面纵、横方向上的倾斜度，对于上回转塔机为不大于 3‰；对于下回转塔机为不大于 5‰；在轨道全程中，轨道爬面任意两点的高度差应小于 100mm。

（8）轨道行程两端的轨爬高度宜不低于其余部位中最高点的轨爬高度。

2. 固定式塔机混凝土基础

（1）一般要求

固定式塔机混凝土基础必须根据设计要求设置，基础能够承受工作状态和非工作状态下最大载荷。

1）基础纵横向偏差符合要求；

2）预埋螺栓、承重钢板材质、尺寸符合要求；

3）基础地耐压力、土质承载能力符合要求；

4）基础的抗倾翻稳定性计算及地基压应力的计算，符合塔机各种工况下的技术条件；

5）基础应有排水设施、排水畅通；

6）接地电阻不大于 4Ω；

7）预埋脚柱（支腿）、地脚螺栓和预埋节应使用原制造商或有相应资格单位生产的产品，并有产品合格证。

（2）整体式钢筋混凝土基础

固定式塔机一般采用整体式现浇钢筋混凝土基础，塔身结构通过与预埋在钢筋混凝土中的预埋脚柱（支腿）、预埋节或地脚螺栓等固定在基础上。这种基础可以是独立的，也可以与建筑物结构相连或者是建筑物地下室底板的一部分，其特点是能靠近建筑物，增大塔机的有效作业面，混凝土基础本身还兼重块的作用；缺点是基础的尺寸比较大，混凝土和配筋用量大，不能重复使用，使用费用高。如图 2-53（a）所示，为 QTZ63 塔机底架十字梁整体式钢筋混凝土基础，图 2-53（b）所示，为 QTZ63 塔机预埋肢腿整体式钢筋混凝土基础。

底架十字梁整体式钢筋混凝土基础还有一种形式是压重式基础，如图 2-54 所示。这种基础对地面的承压强度要求较高，优点是：现浇混凝土用量较少，压重可重复使用，使用费用较低。

3. 地基加固处理

当地耐力无法满足塔机设计要求时，需对地基进行加固处理，常用的方法如下：

（1）一般处理。可采取夯实法、换土垫层法、排水固结法、振密挤密法等。不同的方法对土类、施工设备、技术有不同的要求，成本不一。最常用的是换土垫层法，其成本较低，但仅局限于地基软弱层较薄的地区。

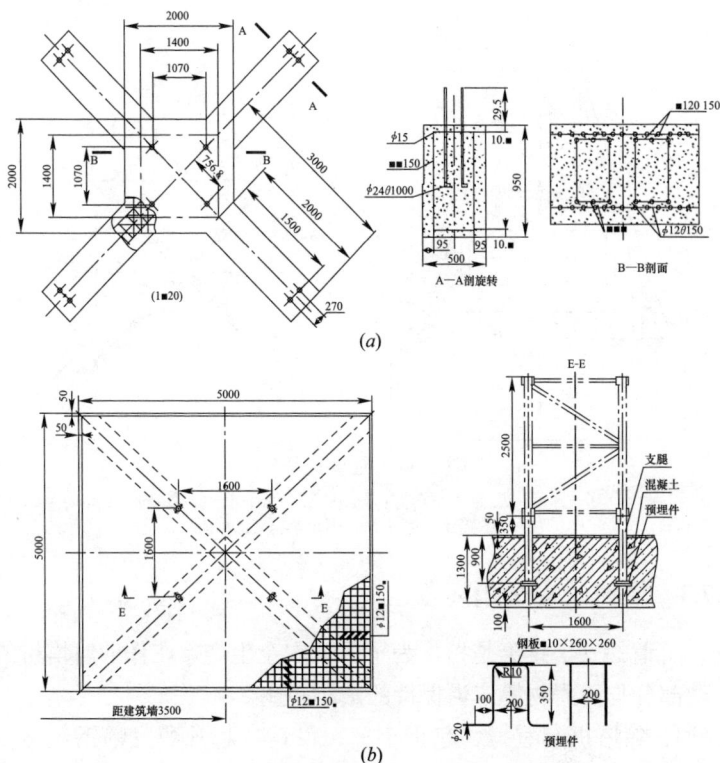

图 2-53 QTZ63 塔机整体式钢筋混凝土基础
（a）底架十字梁式；（b）预埋肢腿式

（2）桩基加固。成本较高，但处理效果较好，适用于浅层土质不能满足承载力的要求而又不适宜采用一般处理方法时，如现场地下水位较高等。

（3）利用已有设施。在便于安装、拆卸的前提下，借助已有建筑物的基础、底板等，把塔机基础与其结合起来。此种方案成本低，比较理想，但因对构筑物增加了荷载，应经计算决定是否对其采取加固处理。

（4）加大基础面积。此方案仅适用于现场地耐力与基础设计所要求的地耐力值相差不大时的情况，并应进行重新设计计算。

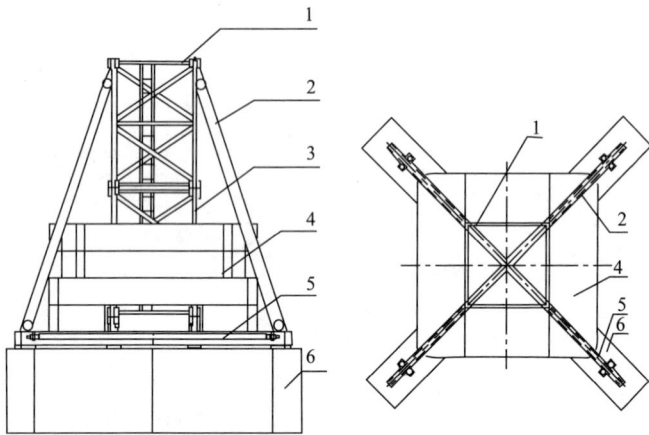

图 2-54　压重式基础
1—基础节二；2—斜撑；3—基础节一；4—压重块；
5—底架十字梁；6—钢筋混凝土基础

2.7.3　塔机的安全距离

所谓的安全距离是指，为了保证安全生产，在作业时塔机的运动部分与障碍物等应当保持的最小距离。

1. 除塔机起重臂、起重小车、吊钩、起升和变幅钢丝绳以及平衡臂外，塔机其他运动件与周围建筑物及施工设施之间的水平距离不应小于 0.6m。

2. 施工现场多台塔机作业时，高位塔机升至最高点的吊钩和/或平衡重的最低部位与低位塔机最高部位之间的垂直距离不应小于 2m；只有考虑了制造商提供的完整有效资料中所说明的挠度（例如起重臂承载后的挠度），上述距离才可减小，但不应小于 0.6m；低位塔机起重臂最外端与相邻塔机塔身之间的水平距离不应小于 2m。

3. 如果塔机周围的建筑物、施工设施等不低于塔机的起重臂或平衡臂，则其与塔机起重臂和/或平衡臂最外端之间的水平距离不应小于 2m；如果塔机周围的建筑物、施工设施等低于塔机起重臂和平衡臂且在臂架回转半径覆盖的范围内，则塔机升至最高点的吊钩和／或平衡重的最低部位与这些建筑物和施工设施最高部位之间的垂直距离不应小于 3m。

4. 塔机任何部位（包括吊物）与输电线之间的安全距离应符合表 2-4 的规定：

塔机与外输电线路的最小安全距离   表 2-4

电压（kV） 安全距离（m）	<1	10	35	110	220	330	500
沿垂直方向	1.5	3.0	4.0	5.0	6.0	7.0	8.5
沿水平方向	1.5	2.0	3.5	4.0	6.0	7.0	8.5

5. 如因条件限制，不能保证表 2-4 中要求的与输电线的安全距离，应与有关部门协商，并采取安全防护措施后方可安全架设塔机。当需要搭设防护架时，搭设防护架当符合以下要求：

（1）搭设防护架时必须经有关部门批准；

（2）采用线路暂停供电或其他可靠安全技术措施；

（3）有电气工程技术人员和专职安全人员监护；

（4）防护架与输电线的安全距离不应小于表 2-5 所规定的数值；

（5）防护架应具有较好的稳定性，可使用竹竿等绝缘材料，不得使用金属材料。

防护架与外输电线路的最小安全距离   表 2-5

外输电线路电压等级（kV）	≤10	35	110	220	330	500
最小安全距离（m）	1.7	2.0	2.5	4.0	5.0	6.0

2.7.4 塔机使用的技术要求

1. 工作环境：

（1）工作环境温度为 –20～40℃；

（2）安装架设时塔机顶部 3s 时距平均瞬时风速不大于 12m/s，

工作状态时不大于 20m/s;

（3）塔机在工作时，司机室内噪声不应超过 80dB（A）;

（4）塔机工作时，在距各传动机构边缘 1m、上方 1.5m 处测得的噪声值不应大于 90dB（A）;

（5）无易燃、易爆气体和粉尘等危险场所;

（6）海拔高度 1000m 以下;

（7）工作电源电压为 380V±10%。

2. 安装选址：

塔机的安装选址除了应当考虑与其他塔机、建筑物、外输电线路有可靠的安全距离外，还应考虑到毗邻的公共场所（包括学校、商场等）、公共交通区域（包括公路、铁路、航运等）等因素。在塔机及其载荷不能避开这类障碍时，应向政府有关部门咨询。

塔机基础应避开任何地下设施，无法避开时，应对地下设施采取保护措施，预防灾害事故发生。

当塔机在强磁场区域（如电视发射台、发射塔、雷达站附近等）安装使用时，应指派人员采取保护措施，以防止塔机运行切割磁力线发电而对人员造成伤害，并应确认磁场不会对塔机控制系统（采用遥控操作时应特别注意）造成影响。

当塔机在航空站、飞机场和航线附近安装使用时，使用单位应向相关部门报告并获得许可。

3. 安装偏差：

塔机安装到设计规定的最大独立高度时，主要性能参数对偏差应符合下列规定：

（1）空载时，最大幅度允许偏差为其设计值的 ±2%，最小幅度允许偏差为其设计值的 ±10%;

（2）主要结构件（如臂架、塔顶、回转平台、回转支承座和标准节等）的加工应有必要的工艺装备，保证顺利装配。同规格塔身标准节应能任意组装。主肢结合处外表面阶差不大于 2mm。起升高度应不小于设计值;

（3）各机构运动速度允许偏差为其设计值的 ±5%;

（4）应当具有慢速下降功能，慢降速度根据服务需求确定，但不大于 9m/min；

（5）尾部回转半径不得大于其设计值 100mm；

（6）固定底架压重塔机支腿纵、横向跨距的允许偏差为其设计值的 ±1%；

（7）整体拖运时的宽度、长度和高度均不应大于其设计值；

（8）空载，风速不大于 3m/s 状态下，独立状态塔身（或附着状态下最高附着点以上塔身）轴心线的侧向垂直度允差为 4‰，最高附着点以下塔身轴心线的垂直度允差为 2‰；

（9）对轨道运行的塔机，其轨距允差为其设计值的 ±0.1%，最大允许偏差为 ±6mm；

（10）对轨道式塔机在未装配回转平台或塔身及压重时，任意一个车轮与轨道的支承点对其他车轮与轨道的支承点组成的平面的偏移不得超过轴距设计值的 1‰；下回转塔机车轮与轨道的支承点所组成的平面，对回转支承平面的平行度为回转支承滚道直径的 1‰。

4. 高强度螺栓联接：

塔机主要受力结构件的螺栓连接通常采用 10.9 级高强度螺栓。并符合下列要求：

（1）高强度螺栓应有性能等级符号标识及合格证书；

（2）塔身标准节、回转支承等受力连接用高强度螺栓应提供楔荷载合格证明；

（3）标准节连接螺栓应不采用锤击即可顺利穿入，螺栓与连接套端面应贴实，螺栓按规定紧固后主肢端面接触面积不小于应接触面的 70%；

（4）高强度螺栓应采用双螺母防松，两个螺母宜相同；被连接件的两端（螺母端和螺栓头部）各设置一个垫圈。高强度螺栓严禁采用弹簧垫圈，如图 2-55 所示。

（5）高强度螺栓连接副安装紧固后，螺栓外露螺纹应为 2～5 倍的螺距（2～5 丝）。

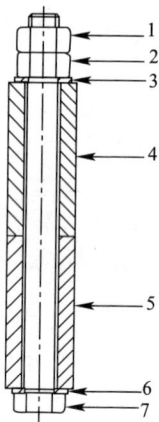

图 2-55 高强度螺栓联接示意图
1—（防松锁紧）高强度螺母；2—（紧固）高强度螺母；3—（螺母端）垫圈（300HV）；4—（上标准节）连接套；5—（下标准节）连接套；6—（螺栓头端）垫圈（300HV）；7—高强度螺栓

（6）高强度螺栓安装穿插方向宜采用自下而上穿插，即螺母在上面。

5. 销轴联接用来固定零件间的相互位置，根据销轴与轴孔有无相对转动，销轴与被固定零件轴孔间应设置轴向定位或轴向定位加径向定位。应采用符合原厂要求的产品，不能随意更换。

6. 外露并需拆卸的销轴、螺栓、链条等连接件及弹簧、油缸活塞杆等应采取非涂装的防锈措施。

7. 应防止钢结构内部锈蚀或冻涨破坏发生，钢结构外露表面及封闭的管件和箱形结构内部都不能有积水。

8. 平衡重与压重：

（1）平衡重和压重应有与臂架组合长度相匹配的明确安装位置，且固定可靠、不移位。

（2）平衡重和压重应在吊装、运输和使用中不破损，且重量不受气候影响。

（3）可拆分吊装的平衡重和压重，应易于区分且装拆方便，每块平衡重和压重都应在本身明显的位置标识重量。

（4）移动式平衡重的移动轨迹应唯一，平衡重不随臂架运动自动按函数关系移动时，应有让司机清晰识别其位置的措施或指示装置。

9. 工作运行：

（1）回转机构在回转时，应保证启动、制动平稳；在非工作状态下，回转机构应允许臂架随风自由转动；

（2）起升机构在运行时应保证启动、制动平稳；吊重在空中停止后，重复慢速起升时，不允许吊重有瞬时下滑现象；起升机构应具有慢就位性能，不允许有单独靠重力下降的运动；

（3）变幅机构在变幅时，应保证启动、制动平稳，不允许有单独靠重力作用的运动。

1）动臂变幅式塔机，对能带载变幅的变幅机构除满足变幅过程的稳定性外，还应设有可靠的防止吊臂坠落安全装置；

2）小车变幅式塔机，在空载状态下小车任意一个滚轮与轨道的支承点对其他滚轮与轨道的支承点组成的平面的偏移不得超过轴距设计值的1/1000。

（4）对轨道式塔机其运行机构在运行时，应保证启动、制动平稳；

（5）操纵机构的各操作动作应相互不干扰和不会引起误操作；各操纵件应定位可靠，不得因振动等原因离位。

10. 电源电器：

（1）采用三相五线制供电时，供电线路的零线应与塔机的接地线严格分开。

（2）塔机必须有可靠的接地保护，所有电气设备外壳均应与机体妥善连接。塔机金属结构、轨道、所有电气设备的金属外壳、金属线管、安全照明的变压器低压侧等都应可靠接地，其接地电阻不大于 4Ω；重复接地电阻不大于 10Ω；接地装置的选择应符合电气安全的有关要求。

（3）电气系统应有可靠的自动保护装置，具有短路保护、过流保护及缺相保护等功能。

（4）在正常工作条件下，供电系统在塔机馈电线接入处的电压波动应不超过额定值的 $\pm10\%$。

（5）主电路和控制电路对地绝缘电阻不小于 $0.5M\Omega$；

（6）各机构运行控制电路中，应有防止司机误操作的保护措施。

（7）各限位开关应安全可靠；在脱离接触并返回正常工作状态后，限位开关能复位；当设有极限开关时，应能手动复位。

（8）配电箱应有门锁，门外应设置有电危险的警示标志；配电箱、联动操纵台、控制盘、接线盒上的所有导线端部、接线端子应有正确的标记、编号，并与电气原理图、电气布线图一致。

（9）对设有防护罩的电机其防护罩不能影响电机散热，电机安装位置应满足通风冷却要求，并便于检修。

（10）塔机各机构控制回路中应设有零位保护。运行中因故障或失压停止运行后，重新恢复供电时，机构不得自动动作，需人为将控制器置零位后，机构才能重新启动。

（11）塔身高于 30m 的塔机，应在塔顶和臂架端部设红色障碍灯，障碍灯的供电应不受停机影响。

（12）司机室应有照明设施，照度不应低于 30lx。照明电路电压应不大于 250V，其供电应不受停机影响。

（13）司机室用取暖、降温设备应采用单独电源供电。选用冷暖风机时应选用铁壳防护式，并固定安装、外壳接地。

（14）司机室应设置灭火器。

（15）沿塔身垂直悬挂的电缆应使用瓷瓶固定，瓷瓶的固定间距一般不宜大于 10m，同时应满足使用说明书的要求，以保证电缆自重产生的拉应力不超过电缆的机械强度和防止其他因素引起的机械磨损。

（16）具有多档变速的起升机构和变幅机构的塔机，宜设自动减速功能使变幅小车及吊钩到达极限位置前自动降为低速运行。

11. 液压系统：

（1）塔机的液压系统应设有防止过载和液压冲击的安全装置，安全溢流阀的调整压力不得大于系统的额定工作压力 110%；

（2）液压系统中应设置滤油器和其他防止污染的装置，过滤精度应符合系统中选用的液压元件的要求；

（3）液压油应符合所选油类的性能标准，并能适应工作环境的温度；

（4）油箱应有足够的容量，并能使液压系统的油温保持在正常工作温度范围内，最高油温不超过 35℃。

3 塔式起重机主要零部件

3.1 钢丝绳

钢丝绳是起重作业中必备的重要部件，通常由多根钢丝捻成绳股，再由多股围绕绳芯捻制而成。钢丝绳具有强度高，弹性大，能承受振动荷载，能卷绕成盘，能在高速下平稳运动，并且无噪声等特点。广泛用于捆绑物体的司索绳以及起重机的起升、牵引、缆风绳等。

3.1.1 钢丝绳的分类和标记

1. 钢丝绳的分类

钢丝绳的种类较多，塔式起重机上一般使用圆股钢丝绳，本书按照《重要用途钢丝绳》GB 8918—2006 对钢丝绳进行分类。

（1）钢丝绳按绳和股的断面、股数和股外层钢丝绳的数目分类，见表3-1。

钢丝绳分类 表3-1

组别	类别	分类原则	典型结构		直径范围 /mm
			钢丝绳	股绳	
1	圆股钢丝绳	6×7	6个圆股，每股外层丝可到7根，中心丝（或无）外捻制1～2层钢丝，钢丝等捻距	6×7 6×9W	（6+1）（3/3+3）	8～36 14～36

续表

组别	类别		分类原则	典型结构		直径范围 /mm
				钢丝绳	股绳	
2	圆股钢丝绳	6×19	6个圆股，每股外层丝可到8～12根，中心丝外捻制2～3层钢丝，钢丝等捻距	6×19S 6×19W 6×25Fi 6×26WS 6×31WS	（9+9+1） （6/6+6+1） （12+6F+6+1） （10+5/5+5+1） （12+6/6+6+1）	12～36 12～40 12～44 20～40 22～46
3		6×37	6个圆股，每股外层丝可到14～18根，中心丝外捻制3～4层钢丝，钢丝等捻距	6×29Fi 6×36WS 6×37S（点线接触） 6×41WS 6×49SWS 6×55SWS	（14+7F+7+1） （14+7/7+7+1） （15+15+6+1） （16+8/8+8+1） （16+8/8+8+1） （18+9/9+9+9+1）	14～44 18～60 20～60 32～56 36～60 36～64
4		8×19	8个圆股，每股外层丝可到8～12根，中心丝外捻制2～3层钢丝，钢丝等捻距	8×19S 8×19W 8×25Fi 8×26WS 8×31WS	（9+9+1） （6/6+6+1） （12+6F+6+1） （10+5/5+6+1） （12+6/6+6+1）	20～44 18～48 16～52 24～48 26～56
5		8×37	8个圆股，每股外层丝可到14～18根，中心丝外捻制3～4层钢丝，钢丝等捻距	8×36WS 8×41WS 8×49SWS 8×55SWS	（14+7/7+7+1） （16+8/8+8+1） （16+8/8+8+8+1） （18+9/9+9+9+1）	22～60 40～56 44～64 44～64
6		18×7	钢丝绳中有17或18个圆股，每股外层丝可到4～7根，在纤维芯或钢芯外捻制2层股	17×7 18×7	（6+1） （6+1）	12～60 12～60

组别	类别	分类原则	典型结构		直径范围/mm
			钢丝绳	股绳	
7	18×19	钢丝绳中有17个或18个圆股，每股外层丝可到8~12根，钢丝等捻距，在纤维芯或钢芯外捻制2层股	18×19W 18×19S	(6/6+6+1) (9+9+1)	24~60 28~60
8	34×7	钢丝绳中有34~36个圆股，每股外层丝可到7根，在纤维芯或钢芯外捻制3层股	34×7 36×7	(6+1) (6+1)	16~60 20~60
9	35W×7	钢丝绳中有24~40个圆股，每股外层丝可到4~8根，在纤维芯或钢芯（钢丝）外捻制3层股	35W×7 24W×7	(6+1)	16~60
10	6V×7	6个三角形股，每股外层丝7~9根，三角形股芯外捻制1层钢丝	6V×18 6V×19	(/3×2+3/+9) (/1×7+3/+9)	20~36 20~36
11	6V×19	6个三角形股，每股外层丝10~14根，三角形股芯或纤维芯外捻制2层钢丝	6V×21 6V×24 6V×30 6V×34	(FC+9+12) (FC+12+12) (6+12+12) (/1×7+3/+12+12)	18~36 18~36 20~38 20~44

类别列（纵向）：
- 组别7、8、9：圆股钢丝绳
- 组别10、11：异形股钢丝绳

组别	类别	分类原则	典型结构		直径范围 /mm
			钢丝绳	股绳	
12	6V×37	6 个三角形股，每股外层丝 15～18 根，三角形股芯外捻制 2 层钢丝	6V×37 6V×37S 6V×43	(/1×7+3/+12+15) (/1×7+3/+12+15) (/1×7+3/+15+18)	32～52 32～52 38～58
13	4V×39	4 个扇形股，每股外层丝 15～18 根，纤维股芯外捻制 3 层钢丝	4V×39S 4V×48S	(FC+9+15+15) (FC+12+18+18)	16～36 20～40
14	6Q×19+ 6V×21	钢丝绳中有 12～14 个股，在 6 个三角形股外，捻制 6～8 个椭圆股	6Q×19+ 6V×21 6Q×33+ 6V×21	外股（5+14） 内股（FC+9+12） 外股（5+13+15） 内股 （FC+9+11502）	40～52 40～60

（组别 12、13、14 左侧合并单元格为"异形股钢丝绳"）

注: 1. 13 组及 11 组中异形股钢丝绳中 6V×21，6V×24 结构仅为纤维绳芯，其余组别的钢丝绳可由需方指定纤维芯或钢芯。

  2. 三角形股芯的结构可以相互代替，或改用其他结构的三角形股芯，但应在订货合同中注明。

 （2）钢丝绳按捻法分为右交互捻（ZS）、左交互捻（SZ）、右同向捻（ZZ）和左同向捻（SS）四种，如图 3-1 所示。

 （3）钢丝绳按绳芯不同分为纤维芯和钢芯。纤维芯钢丝绳比较柔软，易弯曲，纤维芯可浸油作润滑、防锈，减少钢丝间的摩擦；金属芯的钢丝绳耐高温度、耐重压，硬度大、不易弯曲。

 2. 标记

 根据国家标准《钢丝绳　术语、标记和分类》GB/T 8706—2017，钢丝绳的标记格式如图 3-2 所示。

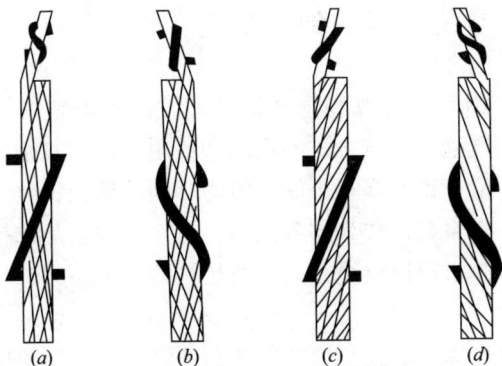

图 3-1　钢丝绳按捻法分类

（a）右交互捻；（b）左交互捻；（c）右同向捻；（d）左同向捻

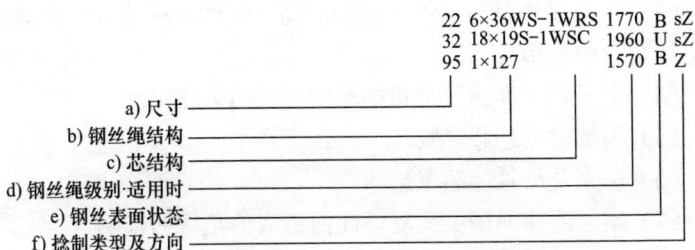

```
                              22  6×36WS-1WRS  1770  B sZ
                              32  18×19S-1WSC  1960  U sZ
                              95  1×127        1570  B Z

        a) 尺寸
        b) 钢丝绳结构
        c) 芯结构
        d) 钢丝绳级别·适用时
        e) 钢丝表面状态
        f) 捻制类型及方向
```

注：本示例及本标准其他部分各特性之间的间隔在实际应用中通常不留空间。

图 3-2　钢丝绳的标记示例

3.1.2　钢丝绳的选用

1. 选用原则

（1）能承受所要求的拉力，保证足够的安全系数。

（2）能保证钢丝绳受力不发生扭转。

（3）耐疲劳，能承受反复弯曲和振动作用。

（4）有较好的耐磨性能。

（5）与使用环境相适应：

1）高温或多层缠绕的场合宜选用金属芯；

2）高温、腐蚀严重的场合宜选用石棉芯；

3）有机芯易燃，不能用于高温场合。

（6）必须有产品检验合格证。

2. 安全系数

在钢丝绳受力计算和选择钢丝绳时，考虑到钢丝绳受力不均、负荷不准确、计算方法不精确和使用环境较复杂等一系列不利因素，应给予钢丝绳一个储备能力。因此确定钢丝绳的受力时必须考虑一个系数，作为储备能力，这个系数就是选择钢丝绳的安全系数。起重用钢丝绳必须预留足够的安全系数，是基于以下因素确定的：

（1）钢丝绳的磨损、疲劳破坏、锈蚀、不恰当使用、尺寸误差、制造质量缺陷等不利因素带来的影响；

（2）钢丝绳的固定强度达不到钢丝绳本身的强度；

（3）由于惯性及加速作用（如启动、制动、振动等）而造成的附加载荷的作用；

（4）由于钢丝绳通过滑轮槽时的摩擦阻力作用；

（5）吊重时的超载影响；

（6）吊索及吊具的超重影响；

（7）钢丝绳在绳槽中反复弯曲而造成的危害的影响。

钢丝绳的安全系数是不可缺少的安全储备，绝不允许凭借这种安全储备而擅自提高钢丝绳的最大允许安全载荷，钢丝绳的安全系数见表 3-2。

钢丝绳的安全系数　　　　　　　　　表 3-2

用途	安全系数	用途	安全系数
作缆风绳	3.5	作吊索、无弯曲时	6～7
用于手动起重设备	4.5	作捆绑吊索	8～10
用于机动起重设备	5～6	用于载人的升降机	14

3. 钢丝绳受力计算

钢丝绳的允许拉力是钢丝绳实际工作中所允许的实际载荷，其与钢丝绳的最小破断拉力和安全系数关系式为：

$$[F] = \frac{F_o}{K} \qquad (3\text{-}1)$$

式中：$[F]$——钢丝绳允许拉力，kN；

　　　F_o——钢丝绳最小破断拉力，kN；

　　　K——钢丝绳的安全系数。

[例 3-1]　一规格为 6×19S+FC，钢丝绳的公称抗拉强度 1570MPa，直径为 16mm 的钢丝绳，试确定使用单根钢丝绳作捆绑吊索所允许吊起的重物的最大重量。

[解]　已知钢丝绳规格为 6×19S+FC，R_0=1570MPa，D= 16mm

查《重要用途钢丝绳》GB 8918—2006 表 10 可知，F_o=133kN

根据题意，该钢丝绳属于用作捆绑吊索，查表 3-2 知，K=8，根据式（3-1）

$$[F] = \frac{F_o}{K} = \frac{133}{8} = 16.625\text{kN}$$

该钢丝绳作捆绑吊索所允许吊起的重物的最大重量为 16.625kN。

3.1.3　钢丝绳的穿绕与固定

1. 钢丝绳的截断与扎结

在截断钢丝绳时，要在截分处进行扎结。扎结宽度应不小于 3 倍钢丝绳直径。扎结铁丝的绕向必须与钢丝绳股的绕向相反，并要用专门工具扎结紧固，以免钢丝绳在断头处松开。钢丝绳可借助特制铡刀、无齿锯以及气割等截断。

2. 钢丝绳的穿绕

钢丝绳的使用寿命，在很大程度上取决于穿绕方式是否正确。

（1）穿绕钢丝绳时，必须注意检查钢丝绳的捻向。

1）动臂式塔机的臂架拉绳捻向必须与臂架变幅绳的捻向相同；

2）起升钢丝绳的捻向必须与起升卷筒上的钢丝绳绕向相反。

（2）在更换钢丝绳时，为了确保钢丝绳能有较长的使用寿命，必须注意绳头在卷筒上的固定点位置，绳槽的走向。

1）起升机构卷筒钢丝绳由左向右卷绕，并且是由卷筒上方引出钢丝绳，所选用的钢丝绳应是右捻钢丝绳；

2）卷筒上绳的绕卷方向是由右向左，并且是由卷筒下方引出钢丝绳，则所选用的钢丝绳也应是右捻向的；

3）卷筒上绳的绕向是自左向右，并且是由卷筒下方引出，选用的钢丝绳应是左捻的；

4）卷筒自右向左绕绳并由卷筒上方引出绳，选用的钢丝绳也应是左捻钢丝绳。

3. 钢丝绳的固定与连接

钢丝绳的连接或固定方式应与使用要求相符，连接或固定部位应达到相应的强度和安全要求。常用的连接和固定方式有以下几种，如图 3-3 所示。

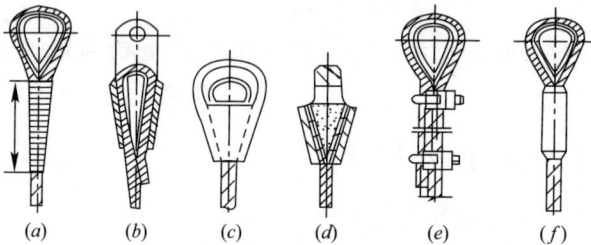

(a)　(b)　(c)　(d)　(e)　(f)

图 3-3　钢丝绳固定连接

（1）编结连接，如图 3-3（a）所示，编结长度不应小于钢丝绳直径的 15 倍，且不应小于 300mm；连接强度不小于 75% 钢丝绳破断拉力。

（2）楔块、楔套连接，如图 3-3（b）所示，钢丝绳一端绕过楔块，利用楔块在套筒内的锁紧作用使钢丝绳固定。固定处的强度约为绳自身强度的 75%～85%。楔套应用钢材制造，连接强度不小于 75% 钢丝绳破断拉力。

（3）锥形套浇铸法，如图 3-3（c）（d）所示，先将钢丝绳拆散，切去绳芯后插入锥套内，再将钢丝绳末端弯成钩状，然后灌入熔融的铅液，最后经过冷却即成。

（4）绳夹固定连接，如图3-3（e）所示，绳夹固定连接简单、可靠，得到广泛的应用。用绳夹（图3-4）固定时，应注意绳夹数量、绳夹间距、绳夹的方向和固定处的强度；固接强度对于公称抗拉强度不大于1960MPa的钢丝绳，不应小于钢丝绳最小破断拉力的85%，对公称抗拉强度大于1960MPa但不超过2160MPa的不应小于80%。绳夹数量应根据钢丝绳直径满足表3-3的要求；绳卡压板应在钢丝绳长头一边，绳卡间距不应小于钢丝绳直径的6倍。

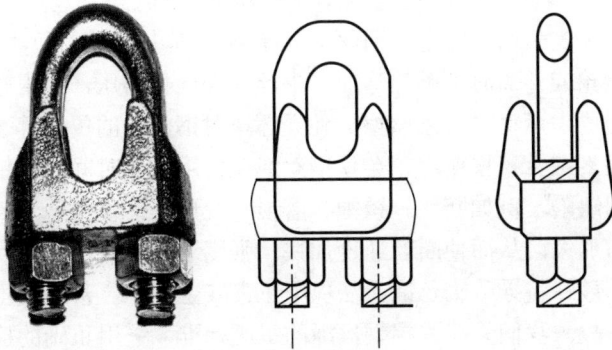

图 3-4　钢丝绳夹

（5）铝合金套压缩法，如图3-3（f）所示，钢丝绳末端穿过锥形套筒后松散钢丝，将头部钢丝弯成小钩，浇入金属液凝固而成。其连接应满足相应的工艺要求，固定处的强度与钢丝绳自身的强度大致相同。

钢丝绳夹数量　　　　　　　　　　　　　表 3-3

绳夹规格（钢丝绳直径）mm	≤18	18～26	26～36	36～44	44～60
绳夹最少数量/组	3	4	5	6	7

3.1.4　钢丝绳的润滑

对钢丝绳定期进行系统润滑，可保证钢丝绳的性能，延长使用寿命。润滑之前，应将钢丝绳表面上积存的污垢和铁锈清除干净，最好是用镀锌钢丝刷将钢丝绳表面刷净。钢丝绳表面越干净，润滑油脂就越容易渗透到钢丝绳内部去，润滑效果就越好。钢丝绳润滑的方法有刷涂法和浸涂法。刷涂法就是人工使用专用的刷子，把加热的润滑脂涂刷在钢丝绳的表面上。浸涂法就是将润滑脂加热到 60℃，然后使钢丝绳通过一组导辊装置被张紧，同时使之缓慢地在容器里熔融润滑脂中通过。

3.1.5　钢丝绳的检查和报废

根据国家标准《起重机钢丝绳保养、维护、检验和报废》GB/T 5972—2016 规定，钢丝绳在承载过程中，受到拉力作用，通过滑轮或卷筒时被强迫弯曲，钢丝与钢丝相挤压，在滑轮或卷筒的绳槽中运动时发生摩擦，外界环境对钢丝绳的侵蚀等。这些不利因素综合积累作用，会使钢丝绳在使用一段时间后，钢丝首先出现缺陷，例如断丝、锈蚀、磨损和变形等，使其他未断钢丝的应力加大，从而使断丝速度加快，强度逐渐降低，发展到一定程度，最终将导致钢丝绳无法保证正常安全工作，甚至发生破坏造成事故。我们只有掌握钢丝绳的报废标准，采用正确的检查养护手段，及早发现、及时更换报废的钢丝绳才能保证安全。

1. 钢丝绳的检查

钢丝绳在使用期间，一定要按规定进行定期检查，检查包括外部检查与内部检查两部分。

（1）钢丝绳外部检查

1）直径检查：直径是钢丝绳极其重要的参数。通过对直径测量，可以反映该处直径的变化程度、钢丝绳是否受到过较大的冲击载荷、捻制时股绳张力是否均匀一致、绳芯对股绳是否保持了足够的支撑能力。钢丝绳直径用带有宽钳口的游标卡尺测量。其钳口的宽度要足以跨越两个相邻的股，如图 3-5 所示。

2）磨损检查：钢丝绳在使用过程中产生磨损现象不可避免。通过对钢丝绳磨损检查，可以反映出钢丝绳与匹配轮槽的接触状

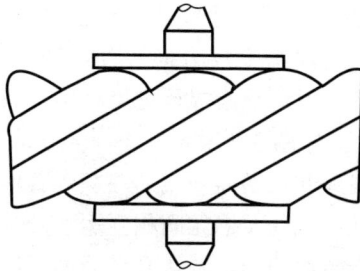

图 3-5　钢丝绳直径测量方法

况，在无法随时进行性能试验的情况下，根据钢丝的磨损程度来推测钢丝绳实际承载能力。

3）断丝检查：钢丝绳在投入使用后，肯定会出现断丝现象，尤其是到了使用后期，断丝发展速度会迅速上升。由于钢丝绳在使用过程中不可能一旦出现断丝现象即停止运行（虽然对于新钢丝绳而言，这种现象是不允许的），因此，通过断丝检查，尤其是对一个捻距内断丝情况检查，不仅可以推测钢丝绳继续承载的能力，而且根据出现断丝根数的发展速度，间接预测钢丝绳使用疲劳寿命。

4）润滑检查：通常情况下，新出厂钢丝绳大部分在生产时已经进行了润滑处理，但在使用过程中，润滑油脂会流失减少。鉴于润滑不仅能够对钢丝绳在运输和存储期间起到防腐保护作用，而且能够减少钢丝绳使用过程中钢丝之间、股绳之间和钢丝绳与匹配轮槽之间的摩擦，对延长钢丝绳使用寿命十分有益，因此，为把腐蚀、摩擦对钢丝绳的危害降低到最低程度，进行润滑检查十分必要。尽管有时钢丝绳表面不一定涂覆润滑性质的油脂（例如增摩性油脂），但是，从防腐和满足特殊需要看，润滑检查仍然十分重要。

（2）钢丝绳内部检查

对钢丝绳进行内部检查要比进行外部检查困难得多，但由于内部损坏（主要由锈蚀和疲劳引起的断丝）隐蔽性更大，因此，为保证钢丝绳安全使用，必须在适当的部位进行内部检查。

如图 3-6 所示，检查时将两个尺寸合适的夹钳相隔 100～200mm 夹在钢丝绳上反方向转动，股绳便会脱起。操作时，必须十分仔细，以避免股绳被过度移位造成永久变形（导致钢丝绳结构破坏）。如图 3-7 所示，小缝隙出现后，用螺钉旋具之类的探针拨动股绳并把妨碍视线的油脂或其他异物拨开，对内部润滑、钢丝锈蚀、钢丝及钢丝间相互运动产生的磨痕等情况进行仔细检查。检查断丝，一定要认真，因为钢丝断头一般不会翘起而不容易被发现。检查完毕后，稍用力转回夹钳，以使股绳完全恢复到原来位置。如果上述过程操作正确，钢丝绳不会变形。对靠近绳端的绳段特别是对固定钢丝绳应加以注意，诸如支持绳或悬挂绳。

图 3-6   对一段连续钢丝绳作内部检验

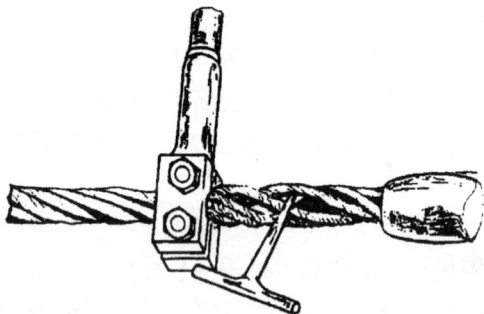

图 3-7   对靠近绳端装置的钢丝绳尾部作内部检验

（3）钢丝绳使用条件检查

前面叙述的检查仅是对钢丝绳本身而言，这只是保证钢丝绳安全使用要求的一个方面。除此之外，还必须对与钢丝绳使用的外围条件——匹配轮槽的表面磨损情况、轮槽几何尺寸及转动灵活性进行检查，以保证钢丝绳在运行过程中与其始终处于良好的接触状态、运行摩擦阻力最小。

2. 钢丝绳的报废

钢丝绳使用的安全程度由断丝的性质和数量、绳端断丝、断丝的局部聚集、断丝的增加率、绳股断裂、绳径减小、弹性降低、外部磨损、外部及内部腐蚀、变形、由于受热或电弧的作用而引起的损坏等项目判定。对钢丝绳可能出现缺陷的典型示例，国家在《起重机钢丝绳保养、维护、检验和报废》GB/T 5972—2016 中作了详细的说明，见本标准附录 E。

（1）断丝的性质和数量

对于 6 股和 8 股的钢丝绳，断丝主要发生在外表。而对于多层绳股的钢丝绳，断丝大多数发生在内部，因而是"不可见的"断裂。因此，在检查断丝数时，应综合考虑断丝的部位、局部聚集程度和断丝的增长趋势，以及该钢丝绳是否用于危险品作业等因素。对钢制滑轮上工作的圆股钢丝绳中断丝根数在规定长度内的断丝数达到表 3-4 的数值，应报废。对钢制滑轮上工作的抗扭钢丝绳中断丝根数达到表 3-6 的数值，应报废。如果钢丝绳锈蚀或磨损时，不同种类的钢丝绳应将表 3-4 或表 3-6 断丝数按表 3-5 折减，并按折减后的断丝数作为判断报废的依据。

（2）绳端断丝

当绳端或其附近出现断丝时，即使数量很少也表明该部位应力很高，可能是由于绳端安装不正确造成的，应查明损坏原因。如果绳长允许，应将断丝的部位切去重新合理安装。

（3）断丝的局部聚集

如果断丝紧靠一起形成局部聚集，则钢丝绳应报废。如这种断丝聚集在小于 6d 的绳长范围内，或者集中在任一支绳股里，

钢制滑轮上工作的圆股钢丝绳中断丝根数的控制标准

表3-4

外层绳股承载钢丝数 a (n)	钢丝绳典型结构示例 b (GB 8918—2006、GB/T 20118—2006) e	起重机用钢丝绳必须报废时与疲劳有关的可见断丝数 c 机构工作级别							
		M1、M2、M3、M4				M5、M6、M7、M8			
		交互捻		同向捻 d		交互捻		同向捻 d	
		长度范围 d				长度范围 d			
		≤6d	≤30d	≤6d	≤30d	≤6d	≤30d	≤6d	≤30d
≤50	6×7	2	4	1	2	4	8	2	4
51≤n≤75	6×19S*	3	6	2	3	6	12	3	6
76≤n≤100		4	8	2	4	8	16	4	8
101≤n≤120	8×19S* 6×25Fi	5	10	2	5	10	19	5	10
121≤n≤140		6	11	3	6	11	22	6	11
141≤n≤160	8×25Fi	6	13	3	6	13	26	6	13
161≤n≤180	6×36WS*	7	14	4	7	14	29	7	14
181≤n≤200		8	16	4	8	16	32	8	16
201≤n≤220	6×41WS*	9	18	4	9	18	38	9	18
221≤n≤240	6×37	10	19	5	10	19	38	10	19

外层绳股承载钢丝数 a (n)	钢丝绳典型结构示例 b (GB 8918—2006、GB/T 20118—2006) e	起重机用钢丝绳必须报废时与疲劳有关的可见断丝数 c							
		机构工作级别							
		M1、M2、M3、M4				M5、M6、M7、M8			
		交互捻		同向捻		交互捻		同向捻	
		长度范围 d		长度范围 d		长度范围 d		长度范围 d	
		≤6d	≤30d	≤6d	≤30d	≤6d	≤30d	≤6d	≤30d
241≤n≤260		10	21	5	10	21	42	10	21
261≤n≤280		11	22	6	11	22	45	11	22
281≤n≤300		12	24	6	12	24	48	12	24
300<n		0.04n	0.08n	0.02n	0.04n	0.08n	0.16n	0.04n	0.08n

注: a 填充钢丝不是承载钢丝，因此检验中要予以扣除。多层绳股钢丝绳仅考虑外层，带钢芯的钢丝绳，其绳芯作为内部绳股对待，不予考虑。

b 统计绳中的可见断丝数时，圆整至整数值。对外层绳股的钢丝绳直径大于标准直径的特定结构的钢丝绳，在表中做降低等级处理，并以 * 号表示。

c 一根断丝可能有两处可见端。

d 为钢丝公称直径。

e 钢丝绳典型结构与国际标准的钢丝绳典型结构是一致的。

锈蚀或磨损的折减系数表　　　　　　　表 3-5

钢丝表面磨损或锈蚀量（%）	10	15	20	25	30～40	>40
折减系数（%）	85	75	70	60	50	0

钢制滑轮上工作的抗扭钢丝绳中断丝根数的控制标准　表 3-6

达到报废标准的起重机用钢丝绳与疲劳有关的可见断丝数			
机构工作级别 M1、M2、M3、M4		机构工作级别 M5、M6、M7、M8	
长度范围		长度范围	
≤6d	≤30d	≤6d	≤30d
2	4	4	8

注: 1. 可见断丝数，一根断丝可能有两处可见端；

2. 长度范围，d 为钢丝绳公称直径

那么，即使断丝数比表 3-4 的数值少，钢丝绳也应予报废。

（4）断丝的增加率

在某些使用场合，疲劳是引起钢丝绳损坏的主要原因，断丝则是在使用一个时期以后才开始出现，但断丝数逐渐增加，其时间间隔越来越短。为了判定断丝的增加率，应仔细检验并记录断丝增加情况。根据这个"规律"可用来确定钢丝绳未来报废的日期。

（5）绳股断裂

如果出现整根绳股的断裂，则钢丝绳应予以报废。

（6）由于绳芯损坏而引起的绳径减小

绳芯损坏导致绳径减小可由下列原因引起：

1）内部磨损和压痕；

2）由钢丝绳中各绳股和钢丝之间的摩擦引起的内部磨损，尤其当钢丝绳经受弯曲时更是如此；

3）纤维绳芯的损坏；

4）钢丝芯的断裂；

5）多层股结构中内部股的断裂。

如果这些因素引起钢丝绳实测直径（互相垂直的两个直径测量的平均值）相对公称直径减小3%（对于抗扭钢丝绳而言）或减少10%（对于其他钢丝绳而言），即使未发现断丝该钢丝绳也应予以报废。

微小的损坏，特别是当所有各绳股中应力处于良好平衡时，用通常的检验方法可能是不明显的。然而这种情况会引起钢丝绳的强度大大降低。所以，有任何内部细微损坏的迹象时，均应对钢丝绳内部进行检验予以查明。一经证实损坏，该钢丝绳就应报废。

（7）弹性减小

在某些情况下（通常与工作环境有关），钢丝绳的弹性会显著降低，若继续使用则是不安全的。弹性降低通常伴随下述现象：

1）绳径减小；

2）钢丝绳捻距增大；

3）由于各部分相互压紧，钢丝之间和绳股之间缺少空隙；

4）绳股凹处出现细微的褐色粉末；

5）虽未发现断丝，但钢丝绳明显的不易弯曲和直径减小，比起单纯是由于钢丝磨损而引起的直径减小要严重得多。这种情况会导致在动载作用下钢丝绳突然断裂，故应立即报废。

（8）外部磨损

钢丝绳外层绳股的钢丝表面的磨损，是由于它在压力作用下与滑轮或卷筒的绳槽接触摩擦造成的。这种现象在吊载加速或减速运动时，在钢丝绳与滑轮接触的部位特别明显，并表现为外部钢丝磨成平面状。

润滑不足，或不正确的润滑以及还存在灰尘和砂粒都会加剧磨损。

磨损使钢丝绳的断面积减小而强度降低。当钢丝绳直径相对于公称直径减小7%或更多时，即使未发现断丝，该钢丝绳也应报废。

（9）外部及内部腐蚀

钢丝绳在海洋或工业污染的大气中特别容易发生腐蚀，腐蚀不仅使钢丝绳的金属断面减少导致破断强度降低，还将引起表面粗糙、产生裂纹从而加速疲劳。严重的腐蚀还会降低钢丝弹性。外部钢丝的腐蚀可用肉眼观察，内部腐蚀较难发现，但下列现象可供参考：

1）钢丝绳直径的变化。钢丝绳在绕过滑轮的弯曲部位直径通常变小。但对于静止段的钢丝绳则常由于外层绳股出现锈蚀而引起钢丝绳直径的增加。

2）钢丝绳外层绳股间的空隙减小，还经常伴随出现外层绳股之间断丝。

如果有任何内部腐蚀的迹象，应对钢丝绳进行内部检验；若有严重的内部腐蚀，则应立即报废。

（10）变形

钢丝绳失去正常形状产生可见的畸形称为"变形"。这种变形会导致钢丝绳内部应力分布不均匀。钢丝绳的变形从外观上区分，主要可分下述几种：

1）波浪形，波浪形的变形是钢丝绳的纵向轴线成螺旋线形状，如图 3-8 所示。这种变形不一定导致任何强度上的损失，但如变形严重即会产生跳动造成不规则的传动。时间长了会引起磨损及断丝。出现波浪形时，在钢丝绳长度不超过 $25d$ 的范围内，若 $d_1 \geqslant 4d/3$（式中 d 为钢丝绳的公称直径；d_1 是钢丝绳变形后包络的直径），则钢丝绳应报废。

图 3-8 波浪形变形
(a) 波浪形；(b) 变形包络直径

2）笼状畸变，这种变形出现在具有钢芯的钢丝绳上，当外层绳股发生脱节或者变得比内部绳股长的时候就会发生这种变形，如图 3-9 所示。笼状畸变的钢丝绳应立即报废。

图 3-9　笼状畸变

3）绳股挤出，这种变形通常伴随笼状畸变一起产生，如图 3-10 所示。绳股被挤出说明钢丝绳不平衡。绳股挤出的钢丝绳应立即报废。

图 3-10　绳股挤出

4）钢丝挤出，此种变形是一部分钢丝或钢丝束在钢丝绳背着滑轮槽的一侧拱起形成环状，如图 3-11 所示。这种变形常因冲击载荷而引起。若此种变形严重时，如图 3-11（b）所示，则钢丝绳应报废。

(a)　　　　　　　　　　　(b)

图 3-11　钢丝挤出

（a）钢丝从一绳股中挤出；（b）钢丝从多股中挤出

5）绳径局部增大，如图 3-12 所示。钢丝绳直径有可能发生局部增大，并能波及相当长的一段钢丝绳。绳径增大通常与绳芯畸变有关，如图 3-12（a）所示是由钢芯畸变引起的绳径局部增大；如图 3-12（b）所示，是由纤维芯因受潮膨胀引起绳径局部增大。绳径局部增大的必然结果是外层绳股产生不平衡，而造成定位不正确，当钢芯钢丝绳直径增大 5% 及以上，纤维芯钢丝绳直径增大 10% 及以上，应查明其原因并考虑报废。

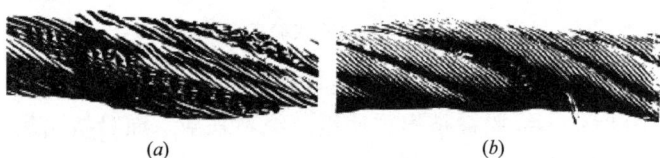

(a) (b)

图 3-12 绳径局部增大
（a）由钢芯畸变引起；（b）由纤维芯变质引起

6）扭结，是由于钢丝绳成环状在不可能绕其轴线转动的情况下被拉紧而造成的一种变形，如图 3-13 所示。其结果是出现捻距不均而引起格外的磨损，严重时钢丝绳将产生扭曲，以致只留下极小一部分钢丝绳强度。如图 3-13（a）所示是由于钢丝绳搓捻过紧而引起纤维芯突出；如图 3-13（b）所示是钢丝绳在安装时已扭结，安装使用后产生局部磨损及钢丝绳松弛。严重扭结的钢丝绳应立即报废。

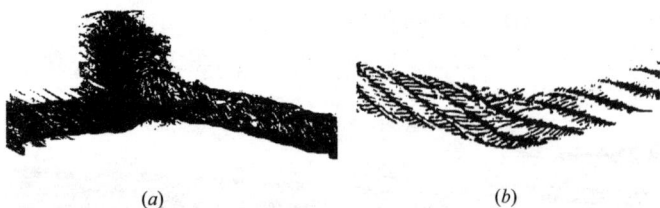

(a) (b)

图 3-13 扭结
（a）纤维芯突出；（b）钢丝绳松弛

7）绳径局部减小，如图 3-14 所示，钢丝绳直径的局部减小常常与绳芯的断裂有关。应特别仔细检查靠绳端部位有无此种变形。绳径局部严重减小的钢丝绳应报废。

图 3-14 绳径局部减小

8）部分被压扁，如图 3-15 所示，钢丝绳部分被压扁是由于机械事故造成的。严重时，则钢丝绳应报废。

(a)　　　　　　　　　　　　　(b)

图 3-15 钢丝绳被压扁
(a) 部分被压扁；(b) 多股被压扁

9）弯折，如图 3-16 所示，弯折是钢丝绳在外界影响下引起的角度变形。这种变形的钢丝绳应立即报废。

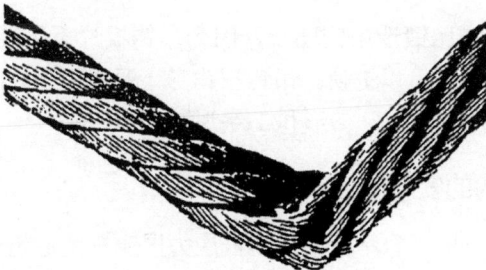

图 3-16 弯折

（11）由于受热或电弧的作用而引起的损坏
钢丝绳经受特殊热力作用其外表出现颜色变化时应报废。

3.2 吊钩

3.2.1 吊钩的种类

吊钩按制造方法可分为锻造吊钩和片式吊钩。锻造吊钩又可分为单钩和双钩，如图 3-17（a）、图 3-17（b）所示。单钩一般用于小起重量，双钩多用于较大的起重量。锻造吊钩材料采用优质低碳镇静钢或低碳合金钢，如 20 优质低碳钢、16Mn、20MnSi、36MnSi。片式吊钩由若干片厚度不小于 20mm 的 C3、20 或 16Mn 的钢板铆接起来。片式吊钩也有单钩和双钩之分，如图 3-17（c）和 3-17（d）所示。

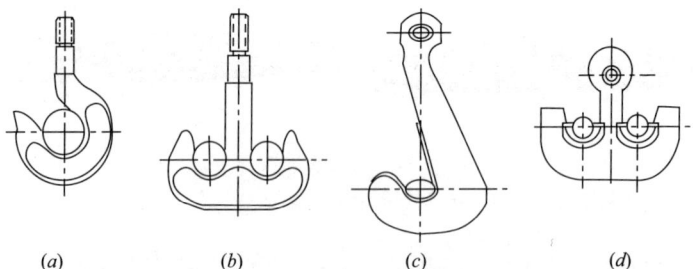

(a)　　　　　(b)　　　　　(c)　　　　　(d)

图 3-17　吊钩的种类
（a）锻造单钩；（b）锻造双钩；（c）片式单钩；（d）片式双钩

片式吊钩比锻造吊钩安全，因为吊钩板片不可能同时断裂，个别板片损坏还可以更换。吊钩按钩身（弯曲部分）的断面形状可分为：圆形、矩形、梯形和 T 字形断面吊钩。

3.2.2 吊钩的安全技术要求

吊钩应有出厂合格证明，在低应力区应有额定起重量标记。

1. 吊钩的危险断面

对吊钩的检验，必须先了解吊钩的危险断面所在，通过对吊钩的受力分析，可以了解吊钩的危险断面有三个。

如图 3-18 所示，假定吊钩上吊挂重物的重量为 Q，由于重

物重量通过钢丝绳作用在吊钩的
Ⅰ—Ⅰ断面上，有把吊钩切断的
趋势，该断面上受切应力；由于重
量 Q 的作用，在Ⅲ—Ⅲ断面，有
把吊钩拉断的趋势，这个断面就是
吊钩钩尾螺纹的退刀槽，这个部位
受拉应力；由于 Q 力对吊钩产生
拉、切力之后，还有把吊钩拉直的
趋势，也就是对Ⅰ—Ⅰ断面以左的
各断面除受拉力以外，还受到力矩
的作用。因此，Ⅱ—Ⅱ断面受 Q 的
拉力，使整个断面受切应力，同时

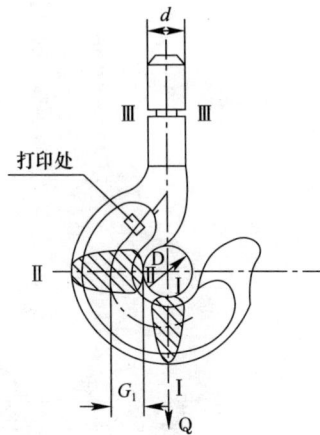

图 3-18　吊钩的危险断面

受力矩的作用。另外，Ⅱ—Ⅱ断面的内侧受拉应力，外侧受压应
力，根据计算，内侧拉应力比外侧压应力大一倍多。所以，吊钩
做成内侧厚，外侧薄就是这个道理。

2. 吊钩的检验

吊钩的检验一般先用煤油洗净钩身，然后用 20 倍放大镜检
查钩身是否有疲劳裂纹，特别对危险断面的检查要认真、仔细。
钩柱螺纹部分的退刀槽是应力集中处，要注意检查有无裂缝。对
板钩还应检查衬套、销子、小孔、耳环及其他紧固件是否有松
动、磨损现象。对一些大型、重型起重机的吊钩还应采用无损探
伤法检验其内部是否存在缺陷。

3. 吊钩的保险装置

吊钩必须装有可靠防脱棘爪（吊钩保险），防止工作时索具
脱钩，如图 3-19 所示。

3.2.3　吊钩的报废

吊钩禁止补焊，有下列情况之一的，应予以报废：

1. 用 20 倍放大镜观察表面有裂纹；

2. 钩尾和螺纹部分等危险截面及钩筋有永久性变形；

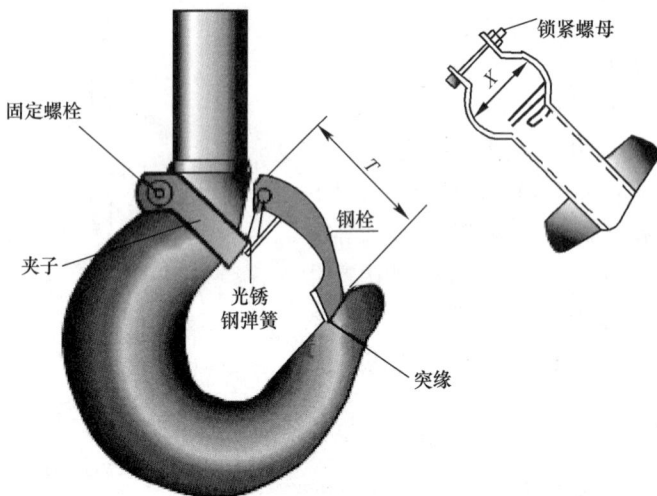

图 3-19　吊钩保险装置

3. 挂绳处截面磨损量大于原高度的 10%；

4. 心轴磨损量大于其直径的 5%；

5. 开口度大于原尺寸的 15%。

3.3　卷筒

卷筒、滑轮和钢丝绳三者共同组成起重机的卷绕系统，将驱动装置的回转运动转换成起升、变幅的直线运动。卷筒和滑轮是起重机的重要部件，它们的缺陷或运行异常会加速钢丝绳的磨损，导致钢丝绳脱槽、掉钩，从而引发事故。

3.3.1　卷筒的种类

卷筒是卷扬机上卷绕钢丝绳的部件，它用来收放钢丝绳，承载牵引载荷。

1. 按筒体形状，可分为长轴卷筒和短轴卷筒。

2. 按制造方式，可分为铸造卷筒和焊接卷筒。

3. 按卷筒的筒体表面是否有绳槽，可分为光面和螺旋槽面卷筒，如图 3-20 所示。

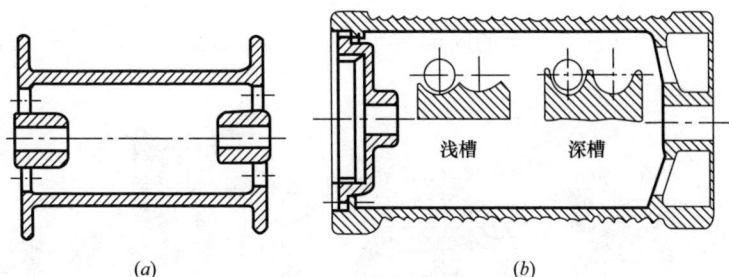

浅槽　　　深槽

(a)　　　　　　　　　　　　　(b)

图 3-20　卷筒示意图
（a）光面卷筒；（b）螺旋槽面卷筒

4. 按钢丝绳在卷筒上卷绕的层数，可分为单层缠绕卷筒和多层缠绕卷筒，多层缠绕卷筒用于起升高度较高，或要求机构紧凑的起重机。

3.3.2　卷筒的结构

卷筒是由筒体、连接盘、轴以及轴承支架等构成的。

单层缠绕卷筒的筒体表面一般切有弧形断面的螺旋槽，以增大钢丝绳与筒体的接触面积，并使钢丝绳在卷筒上的缠绕位置固定，以避免相邻钢丝绳互相摩擦而影响寿命。多层缠绕卷筒的筒体表面通常采用不带螺旋槽的光面。其缺点是钢丝绳排列紧密，各层互相叠压、摩擦，对钢丝绳的寿命影响很大。

卷筒的结构尺寸中，影响钢丝绳寿命的关键尺寸是卷筒的计算直径，按钢丝绳中心计算的卷筒允许的最小卷绕直径必须满足式（3-2）：

$$Do_{\min} \geq h_1 d \qquad (3-2)$$

式中　$Do_{\min}$——按钢丝绳中心计算的卷筒允许的最小卷绕直径，mm；

　　　　d——钢丝绳直径，mm；

h_1——卷筒直径与钢丝绳直径的比值。

3.3.3 钢丝绳在卷筒上的固定

钢丝绳在卷筒上的固定通常采用压板螺钉或楔块，如图3-21所示。

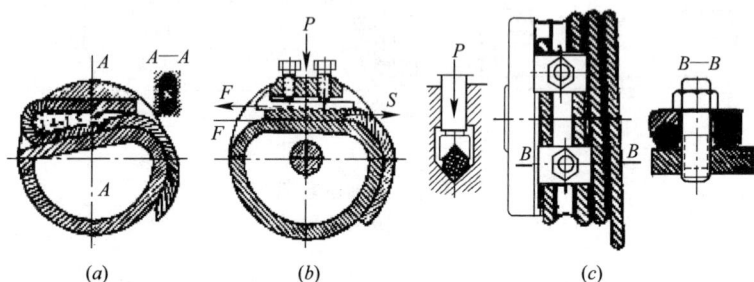

图3-21 钢丝绳在卷筒上的固定
（a）楔块固定；（b）长板条固定；（c）压板固定

1. 楔块固定法，如图3-21（a）所示。此法常用于直径较小的钢丝绳，不需要用螺栓，适于多层缠绕卷筒。

2. 长板条固定法，如图3-21（b）所示。通过螺钉的压紧力，将带槽的长板条沿钢丝绳的轴向将绳端固定在卷筒上。

3. 压板固定法，如图3-21（c）所示。利用压板和螺钉固定钢丝绳，压板数至少为两个。此固定方法简单，安全可靠，便于观察和检查，是最常见的固定形式。其缺点是所占空间较大，不宜用于多层卷绕。

为了保证钢丝绳尾的固定可靠，减少压板或楔块的受力，在取物装置降到下极限位置时，在卷筒上除钢丝绳的固定圈外，还应保留3圈以上安全圈，也称为减载圈，这在卷筒的设计时已经给予考虑。在使用中，钢丝绳尾的圈数保留得越多，绳尾的压板或楔块的受力就越小，也就越安全。如果取物装置在吊载情况的下极限位置过低，卷筒上剩余的钢丝绳圈数少于设计的安全圈数，就会造成钢丝绳尾受力超过压板或楔块的压紧力，从而导致钢丝绳拉脱，重物坠落。

3.3.4　卷筒使用要求

1. 卷筒上钢丝绳尾端的固定装置，应有防松或自紧的性能。对钢丝绳尾端的固定情况，应每月检查一次。在使用的任何状态，必须保证钢丝绳在卷筒上保留不少于 3 圈的安全圈。

2. 钢丝绳偏离与卷筒轴垂直平面的角度不大于 1.5°。

3. 卷筒宜加工绳槽。绳槽节距 p 应在以下范围内：$1.04d < p < 1.15d$，d 为钢丝绳直径。绳槽深度应在 $0.25 \sim 0.40d$ 之间，绳槽半径应在 $0.525 \sim 0.650d$ 之间。

4. 对无绳槽的卷筒，其表面应光滑以防止钢丝绳的不正常磨损。

5. 卷筒两端均应有凸缘，在达到最大设计容绳量时，凸缘高度超出缠绕钢丝绳外表面不小于 2 倍。卷筒壁厚应由承载能力计算或实验来确定；

6. 钢丝绳在卷筒上的固定应安全可靠；当钢丝绳和卷筒之间的摩擦系数取为 0.1 时，在保留 3 圈钢丝绳摩擦圈的情况下，绳端固定装置应能承受 2.5 倍钢丝绳最大工作静拉力而不发生永久变形；

7. 卷筒应设有防钢丝绳脱出滑轮绳槽或卷筒的装置，该装置与滑轮或卷筒侧板顶部之间的间隙不应大于钢丝绳直径的 20%。

3.3.5　卷筒的报废

卷筒出现下述情况之一的，应予以报废：

1. 有裂纹或轮缘破损；

2. 卷筒壁磨损量大于原壁厚的 10%。

3.4　滑轮和滑轮组

3.4.1　滑轮的分类与作用

滑轮是用来改变挠性件（钢丝绳）运动方向并平衡挠性件

（钢丝绳）分支拉力的承载零件。其作用是导向和支承，以改变钢丝绳走向；组成滑轮组，达到省力或增速的目的。

在塔机中，滑轮按用途分类，一般分为定滑轮、动滑轮、滑轮组、导向滑轮和平衡滑轮等。

1. 定滑轮：装在固定心轴上的滑轮。主要用以改变钢丝绳作用力方向，亦可用作平衡滑轮和导向滑轮，如图 3-23 中 2 所示；

2. 动滑轮：装在移动心轴上的滑轮。工作时随载荷的起落而升降，同时又绕自身的心轴转动，用以达到省力的目的，但不改变钢丝绳作用力的方向，如图 3-23 中 1 所示。

3. 滑轮组：钢丝绳依次绕过若干定滑轮和动滑轮组成的装置称为滑轮组，用来改变倍率，达到省力及减速的目的。

4. 导向滑轮：用以改变钢丝绳方向并可沿心轴滑动的滑轮。起到排绳器的作用。

5. 平衡滑轮：平衡两只钢丝绳拉力的滑轮。可使各钢丝绳受力相同。

3.4.2 滑轮的构造

1. 滑轮的制造方法与材料

滑轮按制造材料可分为铸钢滑轮、铸铁滑轮、尼龙滑轮和铝合金滑轮等。

（1）铸钢滑轮，适用于较高的工作机构级别，滑轮直径较大，但铸造困难，常采用焊接工艺制造以减轻其自重。

（2）铸铁滑轮，常用灰铸铁和球墨铸铁制造，适用于轻、中级工作机构，对钢丝绳磨损小，但其强度较低，脆性大，碰撞容易破损。

（3）滑轮也可采用尼龙、铝合金等材料制造，具有重量轻的特点。

2. 滑轮的构造与尺寸

滑轮由轮缘（包括绳槽）、轮辐、轮毂组成。轮缘是承载钢丝绳的主要部位，轮辐将轮缘与轮毂连接，整个滑轮通过轮毂安装在滑轮轴上。

滑轮的主要尺寸，如图 3-22 所示。

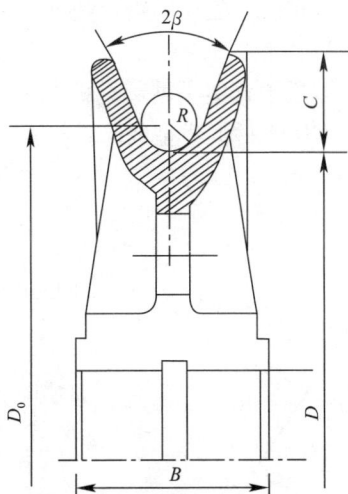

图 3-22　滑轮几何尺寸图

D_0—计算直径，按钢丝绳中心计算的滑轮卷绕直径，mm；R—绳槽半径，保证钢丝绳与绳槽有足够的接触面积，$R=(0.525\sim0.650)d$，mm；d 为钢丝绳直径，mm；β—钢丝绳槽侧夹角。钢丝绳穿绕上下滑轮时，容许与滑轮轴线有一定偏斜，一般 $\beta=35°\sim40°$；C—绳槽深度，其足够的深度防止钢丝绳跳槽；D—滑轮绳槽直径，mm；B—轮毂厚度，mm；

其中，D_0 为影响钢丝绳寿命的关键尺寸，必须满足下列关系见式（3-3）：

$$D_{0min} \geqslant h_2 d \qquad (3-3)$$

式中　D_{0min}——按钢丝绳中心计算的滑轮允许的最小卷绕直径，mm；

　　　　d——钢丝绳直径，mm；

　　　　h_2——滑轮直径与钢丝绳直径的比值。

合理的结构尺寸才能保证钢丝绳顺利通过并不易跳槽。

3.4.3　滑轮组

钢丝绳依次绕过若干定滑轮和动滑轮即可组成滑轮组，滑轮组可以起到为钢丝绳导向，增大起重力的作用。

1. 滑轮组的种类

按构造形式，根据绕入卷筒的钢丝绳分支数可分为单联滑轮组（图3-23）和双联滑轮组（图3-24）。单联滑轮组绕入卷筒的钢丝绳只有一根，多用于臂架类型起重机；双联滑轮组绕入卷筒的钢丝绳有两根，常用于桥架类型的起重机。

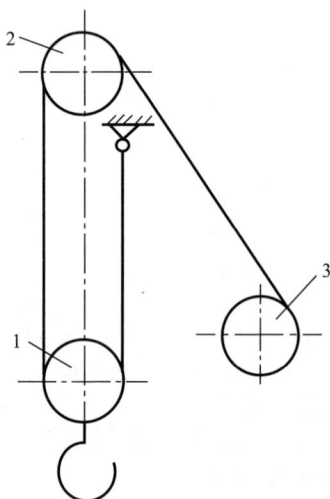

图 3-23　单联滑轮组示意图
1—动滑轮；2—导向滑轮；3—卷筒

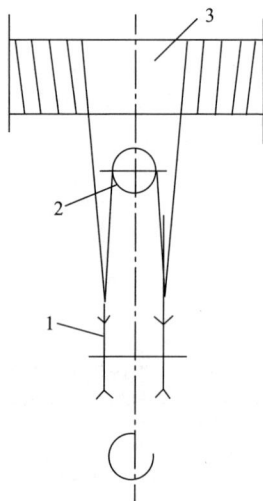

图 3-24　双联滑轮示意图
1—动滑轮；2—均衡滑轮；3—卷筒

2. 滑轮组的倍率

倍率是指滑轮组省力的倍数，也是减速的倍数，用 m 表示。在不考虑摩擦的理想状态下，m 值可按式（3-4）计算：

$$m = \frac{\text{重物的重量}}{\text{理论提升力}} = \frac{\text{绳索的速度}}{\text{重物的速度}} \qquad (3\text{-}4)$$

单联滑轮组的倍率等于钢丝绳分支数；双联滑轮组的倍率等于钢丝绳分支数的一半。

建筑施工塔机使用的一般为单联滑轮组，如图3-25所示，多采用2倍率或4倍率；倍率越大，起重量越大，但运行速度越慢；反之，倍率越小，起重量越小，但运行速度快，工作效率高。

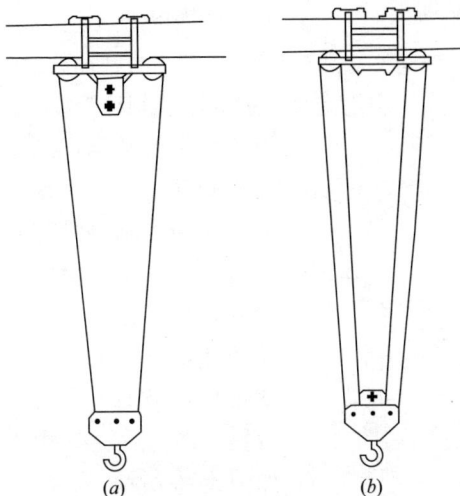

图 3-25 吊钩滑轮组倍率示意图
(a) 2 倍率；(b) 4 倍率

3.4.4 滑轮的报废

滑轮出现下列情况之一的，应予以报废：

1. 裂纹或轮缘破损；
2. 滑轮绳槽壁厚磨损量大于原壁厚的 20%；
3. 滑轮底槽的磨损量超过相应钢丝绳直径的 25%。

3.5 制动器

由于塔机周期及间歇性的工作特点，使各个工作机构经常处于频繁启动和制动状态，制动器成为塔机各机构中不可缺少的组成部分，它既是机构工作的控制装置，又是保证塔机作业的安全装置。其工作原理是：制动器摩擦副中的一组与固定机架相连；另一组与机构转动轴相连。当摩擦副接触压紧时，产生制动作用；当摩擦副分离时，制动作用解除，机构可以运动。

3.5.1 制动器的分类

1. 根据构造不同，制动器可分为以下三类：

（1）带式制动器。带式制动器主要由制动鼓、制动带、液压缸及活塞等组成。利用围绕在鼓周围的制动带收缩而产生制动效果的一种制动器，制动钢带在径向环抱制动轮而产生制动力矩，起到制动作用。制动带与转鼓之间的间隙是由作为制动带固定端的调整螺栓确定的。此调整螺栓旋在贯通自动变速器壳体的螺纹孔中，所以制动带与转鼓的间隙可在壳体外进行调整，调完后，再用锁止螺母锁紧。如图 3-26 所示。

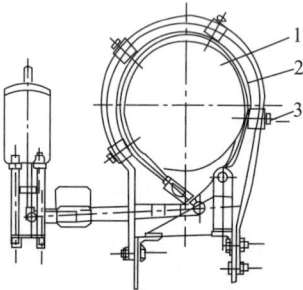

图 3-26　带式制动器
1—制动轮；2—制动带；
3—限位螺钉

（2）块式制动器。塔机的制动器一般采用常闭式块式制动器。其工作原理是在断电状态，依靠主弹簧上闸，即将两个对称布置的制动瓦块，径向抱紧制动轮，起到制动作用。通电时电磁铁松闸，是电磁铁通过杠杆推力将制动瓦块张开。如图 3-27 所示。

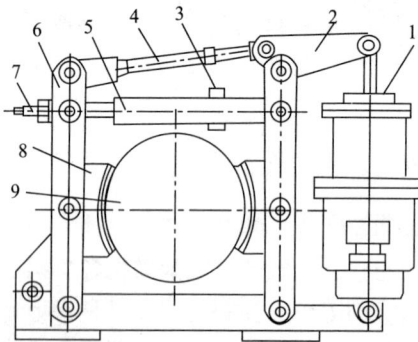

图 3-27　块式制动器
1—液压电磁铁；2—杠杆；3—挡板；4—螺杆；5—弹簧架；
6—制动臂；7—拉杆；8—瓦块；9—制动轮

（3）盘式与锥式制动器。带有摩擦衬料的盘式和锥式金属盘，在轴向互相贴紧而产生制动力矩，如图 3-28 和 3-29 所示。

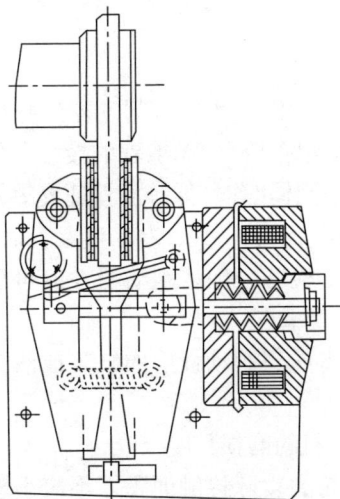

图 3-28　盘式制动器

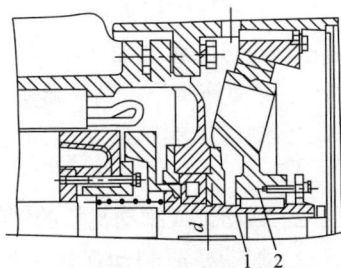

图 3-29　锥式制动器
1—顶套；2—锥式制动盘

2. 按工作状态，制动器一般可分为常闭式制动器和常开式制动器。

（1）常闭式制动器。在机构处于非工作状态时，制动器处于闭合制动状态；在机构工作时，操纵机构先行自动松开制动器。塔机的起升和变幅机构均采用常闭式制动器。

（2）常开式制动器。制动器平常处于松开状态，需要制动时通过机械或液压机构来完成。塔机的回转机构采用常开式制动器。

3.5.2　制动器的作用

1. 支持作用：使原来静止物体保持相对持久的静止状态。例如，在起升机构中，保持吊重静止在空中；在动臂起重机的变幅机构中，将臂架维持在一定的位置保持不动。

2. 停止作用：消耗运动部分的动能，通过摩擦副转化为摩擦热能，使机构迅速在一定时间或一定行程内停止运动。如塔机各个机构在运动状态下的制动。

3.5.3　制动器的检查

正常使用的起重机，每班开始工作前均应对制动器进行检查，主要包括：制动器关键零件的完好状况、摩擦副的接触和分离间隙、松闸器的可靠性、制动器整体工作性能等应保证灵敏无卡塞现象。每次起重作业（特别是吊运重、大、精密物品）时，要先将吊物吊离地面一小段距离，检验、确认制动器性能可靠后，方可实施操作。制动器安全检查重点：

1. 制动轮的制动摩擦面是否有妨碍制动性能的缺陷或沾染油污；

2. 制动带或制动瓦块的摩擦材料的磨损程度；

3. 制动带或制动瓦块与制动轮的实际接触面积，不应小于理论接触面积的 70%；

4. 制动轮工作时冒烟或发生焦味，即表示制动带和制动轮的温度过高（制动轮温度不应超过 200℃），此时，必须调整瓦块和制动轮之间的间隙；

5. 控制制动器的操纵部位（如踏板、操纵手柄等）应有防滑性能；

6. 制动轮的制动表面应当清洁光滑，如表面有大于 2mm 的凹陷或伤痕，则应将制动轮重新加工或更换；

7. 制动块和带应均匀地紧贴在制动轮上，并在松开时，在制动轮两侧的间隙应相等，否则，应进行调整。

3.5.4　制动器的报废

制动器的零件有下列情况之一的，应予报废：

1. 可见裂纹；

2. 制动块摩擦衬垫磨损量大于原厚度的 50%；

3. 制动轮表面磨损量达 1.5～2mm；

4. 弹簧出现塑性变形；

5. 电磁铁杠杆系统空行程大于其额定行程的 10%。

3.6 吊具索具

3.6.1 卸扣

1. 卸扣的分类

卸扣又称卡环，是用来固定和扣紧吊索的。起重用卸扣按其扣体形状分为 D 型卸扣（代号为 D）和弓型卸扣（代号为 B）两种型式，如图 3-30 所示。

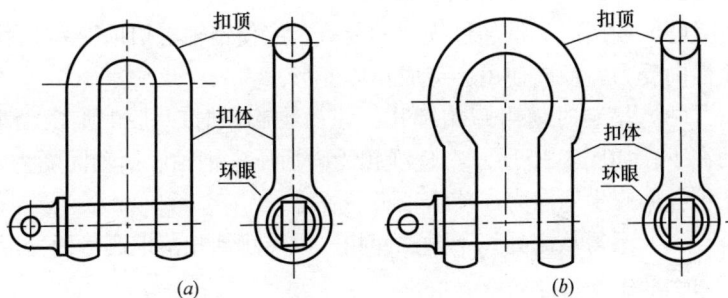

图 3-30　卸扣
（a）D 型卸扣；（b）B 型卸扣

卸扣的销轴型式分为下列几种：如图 3-31 所示。

（1）W 型：带环眼和台肩的螺纹销轴；

（2）X 型：六角头螺栓、六角螺母和开口销；

（3）Y 型：沉头螺钉；

（4）Z 型：在不削弱卸扣强度的情况下采用的其他形式的销轴。

2. 卸扣使用的注意事项

（1）卸扣必须是锻造的，一般是用 20 号钢锻造后经过热处

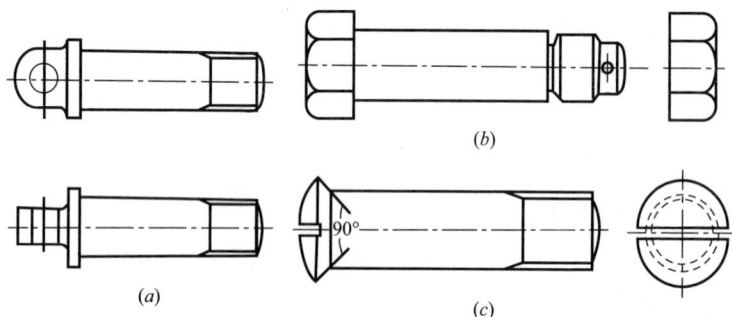

图 3-31　销轴的几种形式

（a）W 型，带有环眼和台肩的螺纹销轴；（b）X 型，六角头螺栓、
六角螺母和开口销；（c）Y 型，沉头螺钉

理而制成的，以便消除残余应力和增加其韧性，不能使用铸造和补焊的卡环。

（2）使用时不得超过规定的荷载，应使销轴与扣顶受力，不能横向受力。横向使用会造成扣体变形。

（3）吊装时使用卸扣绑扎，在吊物起吊时应使扣顶在上销轴在下，如图 3-30 所示，使绳扣受力后压紧销轴，销轴因受力，在销孔中产生摩擦力，使销轴不易脱出。

（4）不得从高处往下抛掷卸扣，以防止卸扣落地碰撞而变形和内部产生损伤及裂纹。

（5）使用中应经常检查销轴和扣体，发现严重磨损变形或疲劳裂纹时，应及时更换。

3.6.2　吊索

吊索又称千斤绳，在建筑行业中主要用于绑扎构件以便起吊，一般用钢丝绳制成。

1. 吊索的形式

吊索的形式大致可分为可调捆绑式吊索、无接头吊索、压制吊索和插编吊索等，如图 3-32 所示。还有一种是一、二、三、四腿钢丝绳钩成套吊索，如图 3-33 所示。

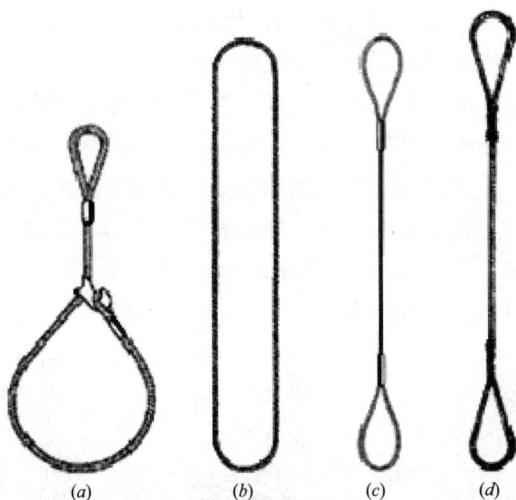

图 3-32 吊索

（*a*）可调捆绑式吊索；（*b*）无接头吊索；（*c*）压制吊索；（*d*）插编吊索

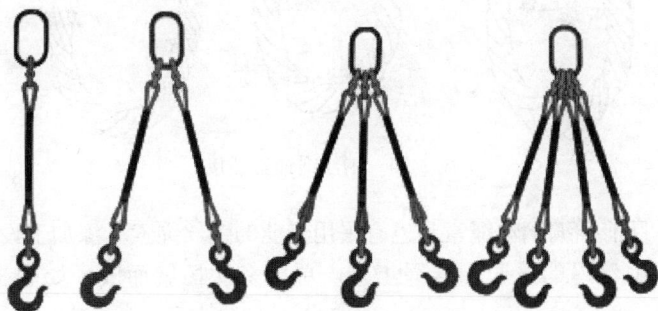

图 3-33 一、二、三、四腿钢丝绳钩成套吊索

2. 编制吊索

编制吊索主要采用挤压插接法进行编结，此办法适用于普通捻六股钢丝绳吊索的制作。办法如下：

端头解开长度约为 350mm 左右并不应小于钢丝绳直径的 20 倍。如图 3-34 所示，用锥子在甲绳的 1、6 股间穿过，在 3、4 股间穿出，把乙绳上面的第一股子绳插入、拔出，再将锥子从

2、3股间插入，在1、6股间穿出，把乙绳上面的第三股子绳插入。这样，就形成了三股子绳插编在甲绳内，三股子绳在甲绳外。然后，将六股子绳一把抓牢，用锥子的另一头敲打甲绳，使甲绳和乙绳收紧，此时，开始编插。插编时，先将第六股子绳作为第一道编绕，一般为插编五花，当插编第一根子绳时，开头一花一定要收紧，以防止千斤头太松。紧接着即是5、4、3、2、1顺序编结，当六股子绳插编完成，即形成钢丝绳千斤头，把多余的各股钢丝绳头割去，便告完成。

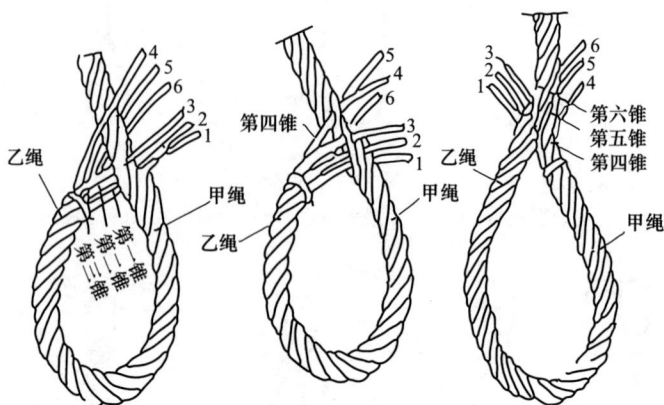

图 3-34　钢丝绳绳索插接

目前插编钢丝绳索具也有采用专业的钢丝绳索具深加工设备，根据钢丝绳的捻股，合绳工艺，单股多次插编而成，如图3-35所示。

3. 吊索的受力计算

吊索在垂直受力情况下，用二根、三根、四根钢丝绳同时吊一物件，其安全负荷量原则上是以单根的负荷量分别乘以2、3或4。而实际吊装中，用两根以上钢丝绳吊装，其吊绳间是有夹角的，吊同样重的物件，吊绳间夹角不同，单根钢丝绳所受的拉力是不同的。一般用若干根钢丝绳吊装某一物体，如图3-36所示。要计算钢丝绳的承受力，见式（3-5）：

图 3-35　吊索机械编结

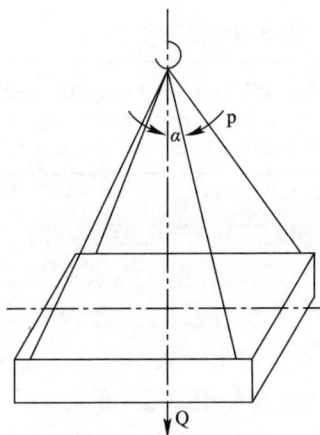

图 3-36　四绳吊装图示

$$P = \frac{Q}{n} \times \frac{1}{\cos a} \qquad (3\text{-}5)$$

如果以 $K_1 = \dfrac{1}{\cos a}$ ，公式可以写成，见式（3-6）：

$$P = K_1 \frac{Q}{n} \qquad (3\text{-}6)$$

式中　P——钢丝绳的承受力；

　　　Q——吊物重量；

n——钢丝绳的根数；

K_1——随钢丝绳与吊垂线夹角 α 变化的系数，见表 3-7。

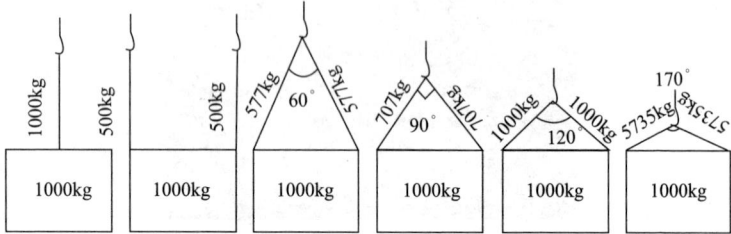

图 3-37　吊索分支拉力计算数据图示

随 α 角度变化的 K_1 值　　　　　　　　　　表 3-7

a	0°	15°	20°	25°	30°	35°	40°	45°	50°	55°	60°
K_1	1	1.035	1.06	1.10	1.15	1.22	1.31	1.41	1.56	1.75	2

由式（3-6）和图3-37可知:若重物 Q 和钢丝绳数目 n 一定时，系数的 K_1 越大（α 角越大），钢丝绳承受力也越大。因此，在起重吊装作业中，捆绑钢丝绳时，必须掌握下面的专业知识:

（1）吊绳间的夹角越大，张力越大，单根吊绳的受力也越大；反之，吊绳间的夹角越小，吊绳的受力也越小。所以吊绳间夹角小于 60° 为最佳，夹角不允许超过 120°。

（2）捆绑方形物体起吊时，吊绳间的夹角有可能达到 170° 左右，此时，钢丝绳受到的拉力会达到所吊物体重量的 5~6 倍，很容易拉断钢丝绳，因此危险性很高。120° 可以看作是起重吊运中的极限角度。另外，夹角过大，容易造成脱钩。

（3）绑扎时吊索的捆绑方式也影响其安全起重量，在进行绑扎吊索的强度计算时，其安全系数应取大一些；在估算钢丝绳直径时，应按图 3-38 所示进行折算；如果吊绳间有夹角，在计算吊绳安全载荷的时候，应根据夹角的不同，分别再乘以折减系数。

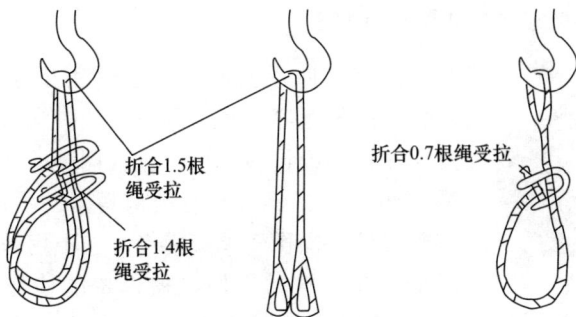

折合1.5根
绳受拉

折合1.4根
绳受拉

折合0.7根绳受拉

图 3-38　捆绑绳的折算

（4）钢丝绳的起重能力不仅与起吊钢丝绳之间的夹角有关，而且与捆绑时钢丝绳曲率半径有关。一般钢丝绳的曲率半径大于绳径6倍以上，起重能力不受影响。当曲率半径为绳径的5倍时，起重能力降至原起重能力的85%，当曲率半径为绳径的4倍时，降至80%，3倍时降至75%，2倍时降至65%，1倍时降至50%。如图3-39所示。

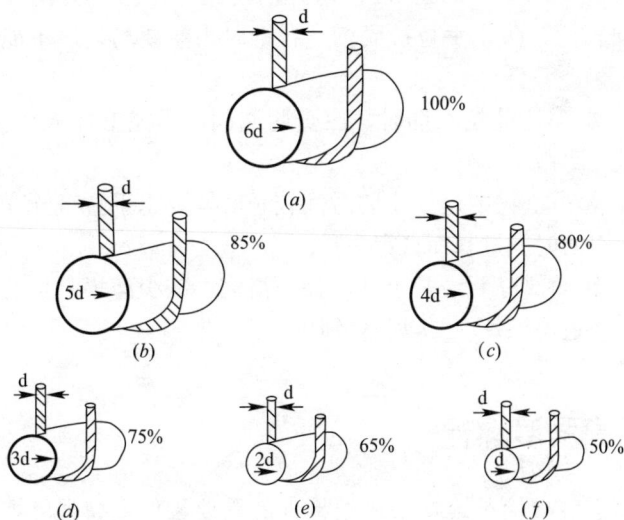

100%

85%

80%

75%

65%

50%

(a)

(b)

(c)

(d)

(e)

(f)

图 3-39　起吊钢丝绳曲率图

3.6.3　倒链

图 3-40　倒链

倒链又叫手拉葫芦，它适用于小型设备和物体的短距离吊装，可用来拉紧缆风绳，以及用在构件或设备运输时拉紧捆绑的绳索，如图 3-40 所示。倒链具有结构紧凑、手拉力小、携带方便、操作简单等优点，它不仅是起重常用的工具，也常用做机械设备的检修拆装工具。倒链在使用时应注意以下几点：

1. 使用前需检查传动部分是否灵活，链子和吊钩及轮轴是否有裂纹损伤，手拉链是否有跑链或掉链等现象。

2. 挂上重物后，要慢慢拉动链条，当起重链条受力后再检查各部分有无变化，自锁装置是否起作用，经检查确认各部分情况良好后，方可继续工作。

3. 在任何方向使用时，拉链方向应与链轮方向相同，防止手拉链脱槽，拉链时力量要均匀，不能过快过猛。

4. 当手拉链拉不动时，应查明原因，不能增加人数猛拉，以免发生事故。

5. 起吊重物中途停止的时间较长时，要将手拉链拴在起重链上，以防时间过长而自锁失灵。

6. 转动部分要经常上油，保证滑润，减少磨损，但切勿将润滑油渗进摩擦片内，以防自锁失灵。

3.7　高强度螺栓

高强度螺栓是连接塔机结构件的重要零件。高强度螺栓副应符合《紧固件机械性能　螺栓、螺钉和螺柱》GB/T 3098.1—

2000 和《紧固件机械性能　螺母》GB/T 3098.2—2015 的规定，并应有性能等级符合标识及合格证书。塔身标准节、回转支承等类似受力连接用高强度螺栓应提供楔荷载合格证明。

3.7.1　高强度螺栓的等级和分类

1. 高强度螺栓的等级

高强度螺栓按强度可分为 8.8、9.8、10.9 和 12.9 四个性能等级，直径一般为 M12～M42。塔机标准节一般采用 10.9 级高强螺栓。

2. 高强度螺栓连接方式

高强度螺栓连接按受力状态可分为抗剪螺栓和抗拉螺栓。

塔身标准节的螺栓连接方式主要有连接套式和铰制孔式，如图 3-41 所示。连接套式螺栓连接的特点是螺栓受拉，对于主弦杆由角钢、方管和圆管制作的标准节连接均可适用。螺栓本身主

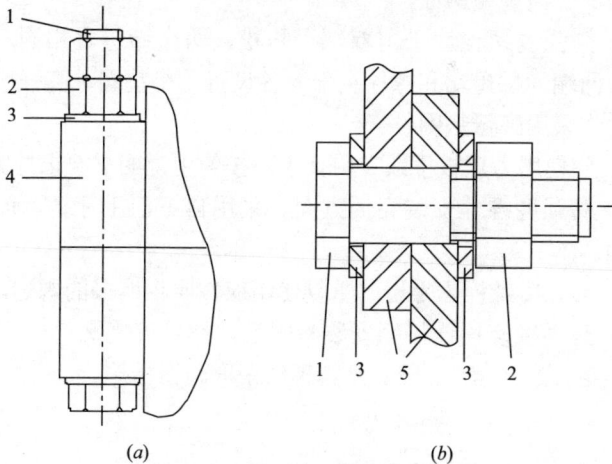

图 3-41　高强螺栓连接

（a）连接套连接；（b）铰制孔连接
1—高强度螺栓；2—高强度螺母；3—高强度平垫圈；
4—标准节连接套；5—被连接件

要受拉力，因此要求螺栓有足够的预紧力，才能保证连接的安全可靠。片式塔身标准节各片之间的连接通常采用铰制孔式螺栓，螺杆主要承受剪力，螺杆与孔壁之间为紧配合。

3.7.2 高强度螺栓的预紧力

高强度螺栓的预紧力矩是保证螺栓连接质量的重要指标，它综合体现了螺栓、螺母和垫圈组合的安装质量。所以安装人员在塔机安装、顶升升节时必须严格按相关塔机使用说明书中规定的预紧力矩数值预紧。当说明书没有规定时，参照表3-8预紧。

3.7.3 高强度螺栓的安装使用

1. 安装前先对高强度螺栓进行全面检查，核对其规格、等级标志，检查螺栓、螺母及垫圈有无损坏，其连接表面应清除灰尘、油漆、油迹和锈蚀。

2. 高强度螺栓应采用双螺母防松，两个螺母宜相同；被连接件的两端（螺母端和螺栓头部）各设置一个垫圈。高强度螺栓绝不允许采用弹簧垫圈。

3. 应使用力矩扳手或专用扳手，按使用说明书要求拧紧。

4. 高强度螺栓安装穿插方向宜采用自下而上穿插，即螺母在上面。

5. 高强度螺栓、螺母的重复使用应按照说明书的规定。

6. 高强度螺栓连接副安装紧固后，螺栓外露螺纹应为2～5倍的螺距（2～5丝）。应对外露螺纹采取防锈措施。

表 3-8

常用的高强度螺栓预紧力和预紧扭矩

螺栓性能等级			8.8			9.8			10.9		
螺栓材料屈服强度 N/mm²			640			720			900		
螺纹规格	公称应力截面积 A_s	螺纹最小截面积 A_g	预紧力 F_{sp}	理论预紧扭矩 M_{ap}	实际使用预紧扭矩 $M=0.9M_{sp}$	预紧力 F_{sp}	理论预紧扭矩 M_{ap}	实际使用预紧扭矩 $M=0.9M_{sp}$	预紧力 F_{sp}	理论预紧扭矩 M_{ap}	实际使用预紧扭矩 $M=0.9M_{sp}$
mm	mm²	mm²	N	N·m	N·m	N	N·m	N·m	N	N·m	N·m
18	192	175	88000	290	260	99000	325	292	124000	405	365
20	245	225	114000	410	370	128000	462	416	160000	580	520
22	303	282	141000	550	500	158000	620	558	199000	780	700
24	353	324	164000	710	640	184000	800	720	230000	1000	900
27	459	427	215000	1050	950	242000	1180	1060	302000	1500	1350
30	561	519	262000	1450	1300	294000	1620	1460	368000	2000	1800
33	694	647	326000	由实验决定	由实验决定	365000	由实验决定	由实验决定	458000	由实验决定	由实验决定
36	817	759	328000			430000			538000		
39	976	913	460000			517000			646000		
42	1120	1045	526000			590000			739000		
45	1300	1224	614000			690000			863000		
48	1470	1377	692000			778000			973000		

4 塔式起重机安全操作与维护保养

4.1 塔式起重机的安全技术操作规程

4.1.1 司机的从业要求

1. 司机年满 18 周岁，且不超过国家法定退休年龄，具有初中以上的文化程度。

2. 每年须对司机进行一次身体检查，患有色盲、矫正视力低于 1.0、听觉障碍、心脏病、贫血、美尼尔症、癫痫、眩晕、突发性昏厥、断指等妨碍起重作业的其他疾病者，不能做司机工作。

3. 司机应经过专业培训、考核合格取得建设行政主管部门颁发的特种作业人员操作证书，并应经过安全技术交底后持证上岗。

4.1.2 作业前的安全要求

1. 交接班时要认真做好交接手续，检查维修保养记录、交接班记录及有关部门规定的记录是否齐全。当发现或怀疑塔式起重机有异常情况时，交班司机和接班司机必须当面交接，严禁交班和接班司机不接头或经他人转告交班。

2. 松开夹轨器，按规定的方法将夹轨器固定好，确保在行走过程中，夹轨器不卡轨。

3. 轨道及路基应安全可靠。

4. 塔式起重机各主要螺栓、销轴应联接紧固，主要焊缝不应有裂纹和开焊。

5. 检查塔机电气部分：

（1）按有关要求检查塔式起重机的接地和接零保护设施；

（2）在接通电源前，各控制器应处于零位；

（3）操作系统应灵活准确；

（4）电气元件工作正常，导线接头、各元器件的固定应牢固，无接触不良及导线裸露等现象；

（5）安全监控系统应工作正常，出现异常情况应通知专业人员检查调整。

6. 检查机械传动减速机的润滑油量和油质。

7. 检查制动器：各工作机构的制动器应动作灵活、制动可靠。液压油箱和制动器储油装置中的油量应符合规定，无漏油现象。

8. 吊钩及各部滑轮、导绳轮等应转动灵活，无卡塞现象，各部钢丝绳应完好，固定端应牢固可靠。

9. 按使用说明书检查高度限位器的距离。

10. 检查塔机与周围障碍物的安全操作距离。

11. 对于有乘人电梯的起重机，在作业前应做下列检查：

（1）各开关、限位装置及安全装置应灵敏可靠；

（2）钢丝绳、传动件及主要受力构件应符合有关规定；

（3）导轨与塔身的联接应牢固，所有导轨应平直，各接口处不得错位，运行中不得有卡塞现象。

（4）梯笼不得与其他部分有刮碰现象。

（5）导索必须按有关规定张紧到所要求的程度，且牢固可靠。

12. 空载运转一个作业循环，核定和检查大车行走、起升高度、幅度等限位装置及起重力矩、起重量限制器等安全保护装置。

13. 对于附着式起重机，应对附着装置进行检查。

（1）塔身附着框架的检查：

1）附着框架在塔身节上的安装必须安全可靠，并应符合使用说明书中的有关规定；

2）附着框架与塔身节的固定应牢固；

3）各联接件不应缺少或松动。

（2）附着杆的检查：

1）与附着框架的联接必须可靠；

2）附着杆有调整装置的应按要求调整后锁紧；

3）附着杆本身的联接不得松动。

（3）附着杆与建筑物的联接情况；

1）与附着杆相联接的建筑物不应有裂纹或损坏；

2）在工作中附着杆与建筑物的锚固联接必须牢固，不应有错动；

3）各联接件应齐全、可靠。

4.1.3 作业中的安全要求

1. 司机必须熟悉所操作的塔式起重机的性能，并应严格按说明书的规定作业。

2. 司机必须熟练掌握标准规定的通用手势信号和有关的各种指挥信号，并与指挥人员密切配合。

3. 司机必须听从指挥人员的指挥，当指挥信号不明时，司机应发出"重复"信号询问，明确指挥意图后，方可操作。

4. 塔机开始作业时，司机应首先发出音响信号，以提醒作业现场人员注意。

5. 在吊运过程中，司机对任何人发出的"紧急停止"信号都应服从。

6. 重物的吊挂必须符合有关要求。

（1）严禁用吊钩直接吊挂重物，吊钩必须用吊具、索具吊挂重物。

（2）起吊短碎物料时，必须用强度足够的网、袋包装，不得直接捆扎起吊。

（3）起吊细长物料时，物料最少必须捆扎两处，并且用两个吊点吊运，在整个吊运过程中应使物料处于水平状态。

（4）起吊的重物在整个吊运过程中，不得摆动、旋转。不得吊运悬挂不稳的重物，吊运体积大的重物，应拉溜绳。

（5）不得在起吊的重物上悬挂任何重物。

7. 操纵控制器时必须从零档开始，逐级推到所需要的档位。传动装置作反方向运动时，控制器先回零位，然后再逐档逆向操作，禁止越档操作和急开急停。

8. 吊运重物时，不得歪拉斜挂、不得猛起猛落，以防吊运过程中发生散落、松绑、偏斜等情况。起吊时必须先将重物吊起离地面 0.5m 左右停住，确定制动、物料捆扎、吊点和吊具无问题后，方可按照指挥信号操作。

9. 司机在操作时必须集中精力，当安全装置显示或报警时，必须按使用说明书中有关规定操作。

10. 在起升过程中，当吊钩滑轮组接近起重臂 5m 时，应用低速起升，严防与起重臂顶撞。

11. 严禁采用自由下降的方法下降吊钩或重物。当重物下降距就位点约 1m 处时，必须采用慢速就位。

12. 起重机行走到距限位开关碰块约 3m 处，应提前减速停车。

13. 作业中平移起吊重物时，重物高出其所跨越障碍物的高度不得小于 1m。

14. 塔式起重机使用时，起重臂和吊物下方严禁有人员停留；物件吊运时，严禁从人员上方通过。

15. 严禁用塔式起重机载运人员。

16. 作业中，临时停歇或停电时，必须将重物卸下，升起吊钩。将各操作手柄（钮）置于"零位"。如因停电无法升、降重物，则应根据现场与具体情况，由有关人员研究，采取适当的措施。

17. 起重机在作业中，严禁对传动部分、运动部分以及运动件所及区域做维修、保养、调整等工作。

18. 作业中遇有下列情况应停止作业：

（1）恶劣气候：如：大雨、大雪、大雾，超过允许工作风力等影响安全作业时；

（2）起重机出现漏电现象；

（3）钢丝绳磨损严重、扭曲、断股、打结或出槽；

（4）安全保护装置失效；

（5）各传动机构出现异常现象和有异响；

（6）金属结构部分发生变形；

（7）起重机发生其他妨碍作业及影响安全的故障。

19. 钢丝绳在卷筒上的缠绕必须整齐，出现爬绳、乱绳、啃绳和各层间的绳索互相塞挤等情况时不允许作业。

20. 司机必须在规定的通道内上、下起重机。上、下起重机时，不得握持任何物件。

21. 禁止在起重机各个部位乱放工具、零件或杂物，严禁从起重机上向下抛扔物品。

22. 当多台塔式起重机在同一施工现场交叉作业时，应编制专项方案，并应采取防碰撞的安全措施。

23. 司机必须专心操作，作业中不得离开司机室；起重机运转时，司机不得离开操作位置。

24. 起重机作业时禁止无关人员上下起重机，司机室内不得放置易燃和妨碍操作的物品，防止触电和发生火灾。应放置干粉灭火器。

25. 司机室的玻璃应平整、清洁，不得影响司机的视线。

26. 有电梯的起重机，在使用电梯时必须按说明书的规定使用和操作，严禁超载和违反操作程序，并必须遵守下列规定：

（1）乘坐人员必须置身于梯笼内，不得攀登或登踏梯笼其他部位，更不得将身体任何部位和所持物件伸到梯笼之外。

（2）禁止用电梯运送不明重量的重物。

（3）在升降过程中，如果发生故障，应立即停止并停止使用。

（4）对发生故障的电梯进行修理时，必须采取措施，将梯笼可靠的固定住，使梯笼在修理过程中不产生升降运动。

27. 夜间作业时，应该有足够照度的照明。

28. 对于无中央集电环起重机，回转作业必须严格按使用说明书规定操作。

29. 在强电磁波源附近工作时，司机应戴绝缘手套和穿绝缘鞋，并应在吊钩与机体间采取绝缘隔离措施，或在吊钩吊装地面物体时，在吊钩上挂接临时接地装置。

30. 塔机司机应严格执行"十不吊"：

（1）超过额定负荷不吊；

（2）指挥信号不明，重量不明，光线暗淡不吊；

（3）吊索和附件捆绑不牢、不符合安全要求不吊；

（4）吊挂重物直接加工时不吊；

（5）歪拉斜挂不吊；

（6）工件上站人或浮放活动物不吊；

（7）易燃易爆物品不吊；

（8）带有棱角缺口物件不吊；

（9）埋地物品不吊；

（10）违章指挥不吊。

4.1.4　作业完毕后的收尾工作

1. 当轨道式起重机结束作业后，司机应把起重机停放在不妨碍回转的位置。

2. 凡是回转机构带有止动装置或常闭式制动器的起重机，在停止作业后，司机必须松开制动器。绝对禁止限制起重臂随风转动。

3. 动臂式起重机将起重臂放到最大幅度位置，小车变幅起重机把小车开到说明书中规定的位置，并且将吊钩起升到最高点，吊钩上严禁吊挂重物。

4. 把各控制器拉到零位，切断总电源，收好工具，关好所有门窗并加锁，夜间打开红色障碍指示灯。

5. 凡是在底架以上无栏杆的各个部位做检查、维修、保养、加油等工作时必须系安全带。

6. 填好当班履历书及各种记录。

7. 锁紧所有的夹轨器。

8. 塔式起重机的主要部件和安全装置等应进行经常性检查，每月不得少于一次，并应有记录；发现有安全隐患时应及时进行整改。

4.2 塔式起重机安全防护装置的维护保养、调试

塔机在安装完毕后必须将安全保护装置调试合格后方可投入使用。下面以 QTZ63（TC5013）塔机为主，对塔机各限位调试方法进行简要说明。

4.2.1 限制器调试与维护保养

1. 小车变幅式塔机起重量限制器的调试（图 4-1）

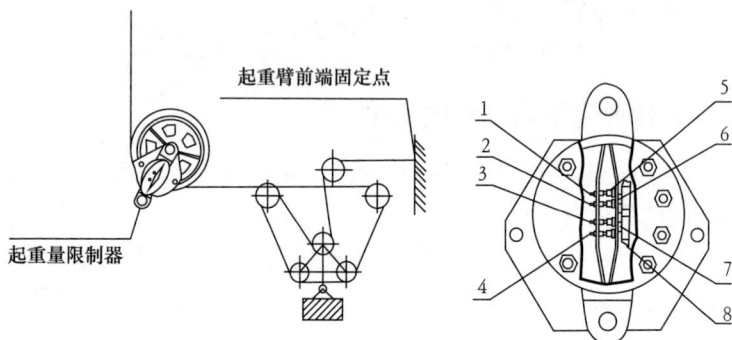

图 4-1 拉力环式起重量限制器调试示意图

1、2、3、4—螺钉调整装置；5、6、7、8—微动开关

（1）当起重吊钩为空载时，用小螺丝刀，分别压下 5、6、7，确认各档微动开关是否灵敏可靠：

1）微动开关 5 为高速挡重量限制开关，压下该开关，高速挡上升与下降的工作电源均被切断，且联动台上指示灯闪亮显示。

2）微动开关 6 为 90% 最大额定起重量限制开关，压下该开

关，联动台上蜂鸣报警。

3）微动开关 7 为最大额定起重量限制开关，压下该开关，低速挡上升的电源被切断。起重吊钩只可以低速下降，且联动台上指示灯闪亮显示。

（2）工作幅度小于 13m（即最大额定起重量所允许的幅度范围内），起重量 1500kg（倍率为 2）或 3000kg（倍率为 4），起吊重物离地 0.5m，调整螺钉 1 至微动开关 5 瞬时换接，拧紧螺钉 1 上的紧固螺母。

（3）工作幅度小于 13m，起重量 2700kg（倍率为 2）或 5400kg（倍率为 4），起吊重物离地 0.5m，调整螺钉 2 至微动开关 6 瞬时换接，拧紧螺钉 2 上的螺母。

（4）工作幅度小于 13m，起重量 3000kg（倍率为 2）或 6000kg（倍率为 4），起吊重物离地 0.5m，调整螺钉 3 至微动开关 7 瞬时换接，拧紧螺钉 3 上的螺母。

（5）各挡重量限制器调调定后，均应试吊 2～3 次检验或修正，各挡允许重量限制器偏差为额定起重量 ±5%。

2. 小车变幅式塔机起重力矩限制器的调试（图 4-2）

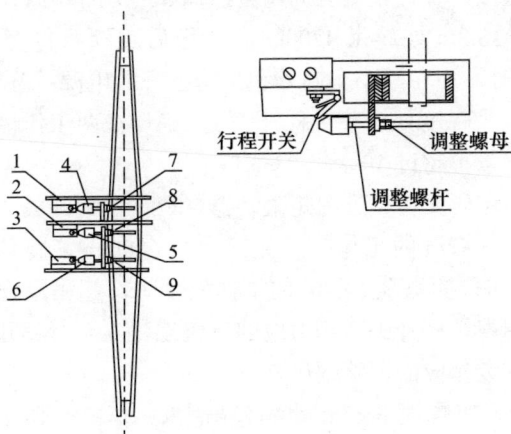

图 4-2 弓板式力矩限制器调试示意图
1、2、3—行程开关；4、5、6—调整螺杆；7、8、9—调整螺母

（1）当起重吊钩为空载时，用螺丝刀分别压下行程开关1、2和3，确认三个开关足够灵敏可靠：

1）行程开关1为80%额定力矩的限制开关，压下该开关，联动台上蜂鸣报警。

2）行程开关2、3为额定力矩的限制开关，压下该开关，起升机构上升和变幅机构向前的工作电源均被切断，起升吊钩止咳下降，变幅小车只可向后运动，且联动台指示灯闪亮、蜂鸣持续报警。

（2）调整时吊钩采用4倍率和独立高度40m以下，起吊重物稍微离地面，小车能够运行即可。

（3）工作幅度50m臂长时，小车运行至25m幅度处，起吊质量为2290kg，起吊重物离地塔机平稳后，调整与行程开关1相对应的调整螺杆2至行程开关1瞬时换接，拧紧相应的调整螺母7。

（4）按定幅变码调整力矩限制器，调整行程开关2：

1）在最大工作幅度50m处，起吊质量1430kg，起吊重物离地塔机平稳后，调整与行程开关2相对应的调整螺杆5至行程开关2瞬时换接，并拧紧相应的调整螺母8。

2）在18.8m处起吊4200kg，平稳后逐渐增加至总质量小于4620kg时，应切断小车向外和吊钩上升的电源；若不能断电，则重新在最大幅度处调整行程开关2，确保在两工作幅度处的相应额定起重量不超过10%。

（5）按定码变幅调整力矩限制器，调整行程开关2：

1）在13.72m的工作幅度处，起吊6000kg（最大额定起重量），小车向外变幅至14.4m的工作幅度时，起吊重物离地塔机平稳后，调整行程开关3相对应的调整螺杆6至行程开关3瞬时换接，并拧紧相应的调整螺母9。

2）在工作幅度38.7m处，起吊1800kg，小车向外变幅至42.57m以内时，应切断小车向外和吊钩上升的电源;若不能断电，则在14.4m处起吊6000kg，重新调整力矩限制器行程开关3，确保两额定起重量相应的工作幅度不超过 10%。

（6）各幅度处的允许力矩限制偏差计算公式为：

1）80% 额定力矩限制允差：（1− 额定起重量 × 报警时小车所在幅度 /0.80 × 额定起重量 × 选择幅度）≤ 5%。

2）额定力矩限制允差：（1− 额定起重量 × 电源被切断后小车所在幅度 /1.05 × 额定起重量 × 选择幅度）≤ 5%。

3. 限制器的维护保养

（1）塔机再次安装，投入使用前必须核对起重量限制器、力矩限制器是否变动，以便及时调整。

（2）限制器经调整后，严禁擅自触动。

（3）限制器应有防雨措施，保证螺栓和限位开关不锈蚀。

（4）定期检查微动开关、形成开关是够灵敏可靠。

（5）定期检查电缆是否老化。

（6）定期注油润滑。

4.2.2　限位装置调试与维护保养

以 QTZ63（TC5013）塔机上使用的限位器为例，介绍多功能限位器的调试方法，如图 4-3 所示。

根据需要将被控制机构动作所对应的微动开关瞬时切换，即：调整对应的调整轴 Z 使记忆凸轮 T 压下微动开关 WK 触点，实现电路切换。其调整轴对应的记忆凸轮及微动开关分别为：

1Z—1T—1WK

2Z—2T—2WK

3Z—3T—3WK

4Z—4T—4WK

1. 起升高（低）度限位器调试

（1）调整在空载下运行，分别压下微动开关（1WK，2WK），确认该两档起升限位微动开关是否灵敏可靠。

当压下与凸轮 2T 相对应的微动开关 2WK 时，快速上升工作挡电源被切断，起重吊钩只可低速上升；当压下与凸轮 1T 相

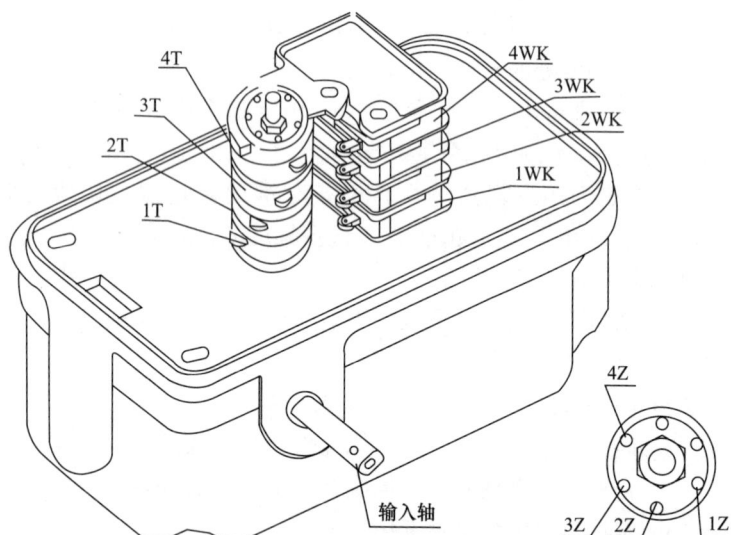

图 4-3　起升高度限位调试

1T、2T、3T、4T—凸轮；1WK、2WK、3WK、4WK—微动开关

1Z、2Z、3Z、4Z—调整轴

对应的微动开关 1WK 时，上升工作挡电源均被切断，起重吊钩只可下降不可上升。

（2）将起重吊钩提升，使其顶部至小车底部垂直距离为 1.3m（2 倍率时）或 1m（4 倍率时），调动轴 2Z，使凸轮 2T 动作至使微动开关 2WK 瞬时换接，拧紧螺母。

（3）以低速将起重吊钩提升，使其顶部至小车底部垂直距离为 800mm，调动轴 1Z，使凸轮 1T 动作至微动开关 1WK 瞬时换接，拧紧螺母。

（4）对两挡高度限位进行多次空载验证和修正。

（5）当起重吊钩滑轮组倍率变换时，高度限位器应重新调整。

2. 变幅限位器的调试

（1）调整在空载下运行，分别压下微动开关（1WK，2WK，3WK，4WK），确认该四档变幅限位微动开关是否灵敏可靠：

1）当压下与凸轮 2T 相对应的微动开关 2WK 时，快速向前变幅的工作档电源被切断，变幅小车只可以低速向前变幅。

2）当压下与凸轮 1T 相对应的微动开关 1WK 时，变幅小车向前变幅的工作档电源均被切断，变幅小车只可向后，不可向前。

3）当压下与凸轮 3T 相对应的微动开关 3WK 时，快速向后变幅的工作档电源被切断，变幅小车只可以低速向后变幅。

4）当压下与凸轮 4T 相对应的微动开关 4WK 时，变幅小车向后变幅的工作档电源均被切断，变幅小车只可向前，不可向后。

（2）向前变幅及减速和臂端极限限位：

1）将小车开到距臂端缓冲器 1.5m 处，调整轴 2Z 使凸轮 2T 动作至微动开关 2WK 瞬时换接（调整时应同时使凸轮 3T 与 2T 重叠，以避免在制动前发生减速干扰），并拧紧螺母。

2）再将小车开至臂端缓冲器 200mm 处，按程序调整轴 1Z 使凸轮 1T 动作至使微动开关 1WK 瞬时切换，并拧紧螺母。

（3）向后变幅及减速和臂根极限限位：

1）将小车开到距臂根缓冲器 1.5m 处，调整轴 4Z 使凸轮 4T 动作至微动开关 4WK 瞬时换接（调整时应同时使凸轮 3T 与 2T 重叠，以避免在制动前发生减速干扰），并拧紧螺母。

2）再将小车开至距臂根缓冲器 200mm 处，按程序调整轴 3Z 使凸轮 3T 动作至使微动开关 3WK 瞬时切换，并拧紧螺母。

（4）对幅度限位进行多次空载验证和修正。

3. 回转限位器的调试

（1）将塔机回转至电源主电缆不扭曲的位置。

（2）调整在空载下进行，分别压下微动开关（2WK，3WK），确认控制向左或向右回转的这两个微动开关是否灵敏可靠。这两个微动开关均对应凸轮，分别控制左、右两个方向的回转限位。

（3）向右回转 540°，即一圈半，调动轴 2Z（或 3Z），使凸轮 2T（3T）动作至使微动开关 2WK（或 3WK）瞬时换接，拧紧螺母。

（4）向左回转 1080°，即一圈半，调动轴 3Z（或 2Z），使凸轮 3T（或 2T）动作至使微动开关 3WK（或 2WK）瞬时换接，拧紧螺母。

（5）对回转限位进行多次空载验证和修正。

4. 限位装置的维护保养

（1）塔机投入使用前，每天都要检查一次，清除行程限位装置上面的建筑垃圾和其他障碍物。

（2）每班检查各连接螺栓是否紧固以及电缆是否完好。

（3）每班检查限位装置的灵敏可靠性。

（4）限位器减速装置要定期加油润滑。

4.2.3　其他安全装置的维护保养

1. 每班检查夹轨器、小车断绳保护装置、风速仪、警示灯和缓冲器等装置的可靠性。

2. 每班清除安全装置的油污及尘垢。

3. 定期检查各装置的连接、螺栓紧固情况。

4. 定期检查各装置的润滑情况，及时添加润滑油。

5. 定期检查电缆线敷设、绝缘情况。

4.3　塔式起重机的维护与保养的基本常识

4.3.1　塔式起重机维护保养的意义

为了使塔机经常处于完好和安全运转状态，避免和减少塔机在工作中可能出现故障，提高塔机的完好率，塔机安装前、使用中和拆卸后必须按制度规定进行检查和维护保养。

1. 塔机工作状态中，经常遭受风吹雨打、日晒的侵蚀，灰尘、沙土经常会落到机械各部位，如不及时清除和保养，将会侵蚀机械，使其寿命缩短。

2. 在机械运转过程中，各工作机构润滑部位的润滑油及润滑脂会自然损耗后流失，如不及时补充，将会加重机械的磨损。

3. 机械经过一段时间的使用后，各运转机件会自然磨损，各运转零件的配合间隙会发生变化，如果不及时进行保养和调整，各运动的零部件磨损就会加快，甚至导致运动部件的完全损坏。

4. 机械在运转过程中，如果各工作机构的运转情况不正常，又得不到及时的保养和调整，将会导致工作机构完全损坏，大大降低塔机的使用寿命。

5. 应当对塔机经常进行检查、维护和保养，传动部分应有足够的润滑油，对易损件必须经常检查，及时维修或更换，对机构螺栓特别是经常振动的如塔身、附着等连接螺栓应经常进行检查，如有松动必须及时紧固或更换。

6. 经一个使用周期后，塔机的结构、机构和其他零部件将会出现不同程度的锈蚀、磨损甚至出现裂纹等安全隐患，因此严格执行塔机的转场维护保养制度，进行一次全面的检查、调整、修复等维护保养工作是十分必要的，是保证塔机下一个周期中安全使用的必要条件。

4.3.2　塔式起重机维护保养的分类

1. 日常维护保养，每班前后进行，由塔机司机负责完成。

2. 每月检查保养，一般每月进行一次，由塔机司机和修理工负责完成。

3. 定期检查保养，一般每年或每次拆卸后安装前进行一次，由修理工负责完成。

4. 全面检查保养，一般运转不超过 1.5 万 h 进行一次，由具有相应资质的单位完成。

4.3.3　塔式起重机维护保养的内容

1. 日常维护保养

每班开始工作前，应当进行检查和维护保养，包括目测检查和功能测试，检查一般应包括以下内容：

（1）机构运转情况，尤其是制动器的动作情况。

（2）限制与指示装置的动作情况。

（3）可见的明显缺陷，包括钢丝绳和钢结构。

检查维护保养具体内容和相应要求见表 4-1，有严重情况的应当报告有关人员进行停用、维修或限制性使用等，检查和维护保养情况应当及时记入交接班记录。

日常例行维护保养的内容　　　　　表 4-1

序号	项目	要求
1	基础轨道	班前清除轨道或基础上的冰、积雪或垃圾，及时疏通排水沟，清除基础轨道积水，保证排水通畅
2	接地装置	检查接地连线与钢轨或塔机十字梁的连接，应接触良好，埋入地下的接地装置和导线连接处无折断松动
3	行走限位开关和撞块	行走限位开关应动作灵敏，可靠，轨道两端撞块完好无移位
4	行走电缆及卷筒装置	电缆应无破损，清除拖拉电缆沿途存在的钢筋，铁丝等障碍物，电缆卷筒收放转动正常，无卡阻现象
5	电动机，变速箱、制动器、联轴器、安全罩的连接紧固螺栓	各机构的连接紧固螺栓，轴瓦固定螺栓不得松动，否则应及时紧固，更换添补损坏丢失的螺栓，回转支承工作 100h 和 500h 检查其预紧力矩，以后每 1000h 检查一次
6	齿轮油箱、油质	检查行走、起升、回转、变幅齿轮箱及液压推杆器、液力联轴器的油量，不足要及时添加至规定液面，润滑油变质可提前更换，按润滑部位规定周期更换齿轮油，加注润滑脂
7	制动器	清除制动器闸瓦油污，制动器各连接紧固件无松动，制动瓦张开间隙适当，带负荷制动有效，否则应紧固调整
8	钢丝绳排列和绳夹	卷筒端绳夹紧固牢靠无损伤，滑轮转动灵活，不脱槽、啃绳，卷筒钢丝绳排列整齐，不错乱压绳

序号	项目	要求
9	钢丝绳磨损	检查钢丝绳有无断丝变形，钢丝绳直径相对于公称直径减少 7% 或更多时应报废
10	吊钩及防脱装置	检查吊钩是否有裂纹、磨损，防脱装置是否变形、有效
11	紧固金属结构件的螺栓	检查底架、塔身、起重臂、平衡臂及各标准节的连接螺栓应紧固无松动，更换损坏螺栓、增补缺少的螺栓
12	供电电压情况	观察仪表盘电压指示是否符合规定要求，如电压过低或过高（一般不超过额定电压的 ±10%），应停机检查，待电压正常后再工作
13	传动机构	试运转，注意观察起升、回转、变幅、行走等机械的传动机构，应无异响、过大噪声或碰撞现象，应无异常的冲击和震荡，否则应停机检查，排除故障
14	电器有无缺相	运转中，听各部位电器有无缺相声音，否则应停机排查
15	安全装置的可靠性	起重量限制器、力矩限制器、变幅限制器、行走限位器等安全装置应灵敏有效，驾驶室的控制显示应正常，否则应及时报修排除
16	班后检查	清洁驾驶室及操作台灰尘，所有操作手柄应放在零位，拉下照明及室内外设备开关，总开关箱要加锁，关窗、锁好门，清洁电动机、减速器及传动机构外部的灰尘、油污
17	夹轨器	夹轨器爪与钢轨紧贴无间隙和松动，丝杠、销孔无弯曲、开裂，否则应报修排除

2. 每月检查保养

每月进行一次，检查一般应包括以下内容：

（1）润滑，油位、漏油、渗油。

（2）液压装置，油位、漏油。

（3）吊钩及防脱装置，可见的变形、裂纹、磨损。

（4）钢丝绳。

（5）结合及连接处，目测检查锈蚀情况。

（6）连接螺栓，用专用扳手检查标准节连接螺栓松动情况，应特别注意接头处是否有裂纹。

（7）销轴定位情况，尤其是臂架连接销轴。

（8）接地电阻。

（9）起重量力矩限制器与起重量限制器。

（10）制动磨损，制动衬垫减薄、调整装置、噪声等。

（11）液压软管。

（12）电气安装。

（13）基础及附着。

每月检查维护保养具体内容和相应要求见表 4-2，有严重情况的应当报告有关人员进行停用、维修或限制性使用等，检查和维护保养情况应当及时记入设备档案。

每月检查保养内容

表 4-2

序号	项目	要求
1	日常维护保养	按日常检查保养项目，进行检查保养
2	接地电阻	接地线应连接可靠，用接地电阻测试仪测量电阻值不得超过 4Ω
3	电动机滑环及碳刷	清除电动机滑环架及铜头灰尘，检查碳刷应接触均匀，弹簧压力松紧适宜（一般为 $0.2kg/cm^2$），如碳刷磨损超过 1/2 时应更换碳刷
4	电器元件配电箱	检查各部位电器元件，触点应无接触不良，线路接线应紧固，检查电阻箱内电阻的连接，应无松动
5	电动机接零和电线、电缆	各电动机接零紧固无松动，照明及各电气设备用电线、电缆应无破损、老化现象，否则应更换
6	轨道轨距平直度及两轨水平面	每根枕木道钉不得松动，枕木与钢轨之间应紧贴无下陷空隙，钢轨接头与每根尾板连接螺栓齐全，紧固螺栓符合规定要求；轨道轨距允许误差不应大于公称值的 1‰，且不宜超过 ±6mm；钢轨接头间隙不应大于 4mm；接头处两轨顶高度差不应大于 2mm；塔机安装后，轨道顶面纵、横方向上的倾斜度，对于上回转塔机应不大于 3‰，对于下回转塔机应不大于 5‰

序号	项目	要求
7	紧固钢丝绳绳夹	起重、变幅、平衡臂、拉索、小车牵引等钢丝绳两端的绳夹无损伤及松动，固定牢靠
8	润滑滑轮与钢丝绳	润滑起重、变幅、回转、小车牵引等钢丝绳穿绕的动滑轮、定滑轮、张紧滑轮、导向滑轮；每两个月润滑，浸涂钢丝绳
9	附着装置	附着装置的结构和连结应牢固可靠
10	销轴定位	检查销轴定位情况，尤其是臂架连接销轴
11	液压元件及管路	检查液压泵，操作阀，平衡阀及管路，如有渗漏应排除，压力表损坏应更换，清洗液压滤清器

3. 定期检查保养

塔机每年至少进行一次定期检查，每次安装前、安装后按定期检查要求进行检查。每次安装前，应对结构件和零部件进行检查并维护保养，有缺陷和损毁的，严禁安装上机；安装后的检查对零部件功能测试应按载荷最不利位置进行。检查一般应包括以下内容：

（1）应检查月检的全部内容。

（2）核实塔机的标志和标牌。

（3）核实使用手册存放情况。

（4）核实维修保养记录。

（5）核实组件、设备及钢结构。

（6）根据设备表象判断老化状况：

1）传动装置或其零部件松动、漏油。

2）重要零件（如电动机、齿轮箱、制动器、卷筒）联结装置磨损或损坏。

3）明显的异常噪声或振动。

4）明显的异常温升。

5）连接螺栓松动、裂纹或破损。

6）制动衬垫磨损或损坏。

7）可疑的锈蚀或污垢。

8）电气安装处（电缆入口、电缆附属物）出现损坏。

9）钢丝绳。

10）吊钩。

（7）额定载荷状态下的功能测试及运转情况：

1）机械，尤其是制动器。

2）限制与指示装置。

（8）金属结构：

1）焊缝，尤其注意可疑的表面油漆龟裂。

2）锈蚀。

3）残余变形。

4）裂缝。

（9）基础与附着。

定期检修具体内容和相应要求见表4-3，有严重情况的应当报告有关人员进行停用、维修或限制性使用等，检查和维护保养情况应当及时记入设备档案。

定期检查保养内容

表4-3

序号	项目	要求
1	每月检查保养	按每月检查保养项目，进行检查保养
2	核实塔机资料、部件	核实塔机的标志和标牌，检查核实塔机档案资料是否齐全、有效；部件、配件和备用件是否齐全
3	制动器	塔机各制动闸瓦与制动带片的铆钉头埋入深度小于0.5mm时接触面积不应小于70%～80%，制动轮失圆或表面痕深大于0.5mm时应维修或更换，制动器磨损，必要时拆检更换制动瓦（片）
4	减速齿轮箱	揭盖清洗各机构减速齿轮箱，检查齿面，如有断齿、啃齿、裂纹及表面脱落等情况，应拆检修复，检查齿轮轴键和轴承径向间隙，如轮键松旷、径向间隙超过0.2mm应修复，调整或更换轴承，轮轴弯曲超过0.2mm应校正；检查棘轮棘爪装置，排除轴端渗漏，更换齿轮油并加注至规定油面。生产厂家有特殊要求的，按厂家说明书要求进行

序号	项目	要求
5	开式齿轮啮合间隙、传动轴弯曲和轴瓦磨损	检查开式齿轮，啮合侧向间隙一般不超过齿轮模数的0.2~0.3，齿厚磨损不大于节圆理论齿厚的20%，轮键不得松动，各轮轴变径倒角处无疲劳裂纹，轴的弯曲不超过0.2mm，滑动轴承径向间隙一般不超过0.4mm，如有问题应应及时修理更换
6	滑轮组	滑轮槽壁如有破碎裂纹或槽壁磨损超过原厚度的20%，绳槽径向磨损超过钢丝绳直径的25%，滑轮轴颈磨损超过原轴颈的2%时，应更换滑轮及滑轮轴
7	行走轮	行走轮与轨道接触面如有严重龟裂、起层、表面剥落和凸凹沟槽现象，应修理更换
8	整机金属结构	对钢结构开焊、开裂、变形的部件进行更换；更换损坏、锈蚀的连接紧固螺栓；更换钢丝绳固定端已损伤的套环、绳卡和固定销轴
9	电动机	电动机转子、定子绝缘电阻在不低于0.5MΩ时，可在运行中干燥；铜头表面烧伤有毛刺应修磨平整，铜头云母片应低于铜头表面0.8~1mm；电动机轴弯曲超过0.2mm应校正；滚动轴承径向间隙超过0.15mm时应更换
10	电器元件和线路	对已损坏、失效的电器开关、仪表、电阻器、接触器以及绝缘不符合要求的导线进行修理更换
11	零部件及安全设施	配齐已丢失损坏的油嘴、油杯；增补已丢失损坏的弹簧垫、联轴器缓冲垫、开口销、安全罩等零部件；塔机爬梯的护圈、平台、走道、踢脚板和栏杆如有损坏，应修理更换
12	防腐喷漆	对塔机的金属结构，各传动机构进行除锈、防腐、喷漆
13	整机性能试验	检修及组装后，按要求进行静、动载荷试验，并试验各安全装置的可靠性，填写试验报告

4. 全面检查保养

塔机经过一段长时间的运转后应进行全面检修（大修），间隔最长不应超过15000h。大修应按以下要求进行：

（1）起重机的所有可拆零件应全部拆卸、清洗、修理或更换（生产厂有特殊要求的除外）。

（2）应更换润滑油。

（3）所有电动机应拆卸、解体、维修。

（4）更换老化的电线和损坏的电器元件。

（5）除锈、涂漆。

（6）对臂架钢丝绳或拉杆进行检查。

（7）起重机上所用的仪表应按有关规定维修、校验、更换。

（8）全面检修（大修）出厂时，塔机应达到产品出厂时的工作性能，并应有监督检验证明。

5. 停用时的维护

对于长时间不使用的起重机，应当对塔机各部位做好润滑、防腐、防雨处理，并每年做一次检查。

6. 润滑保养

为保证塔机的正常工作，应经常检查塔机各部位的润滑情况，做好周期润滑工作，按时添加或更换润滑剂。塔机的润滑部位、润滑剂的选用以及润滑周期，可参照表4-4。

塔机润滑部位及周期

表 4-4

序号	润滑部位	润滑剂	润滑周期/h	润滑方式
1	齿轮减速器、涡轮、蜗杆减速器、行星齿轮减速器	齿轮油 冬 HL-20 夏 HL-30	200 1000	添加 更换
2	起升、回转、变幅、行走等机构的开式齿轮及排绳机构蜗杆传动	石墨润滑剂 ZG-S	50	涂抹
3	钢丝绳		50	涂抹
4	各部件连接螺栓、销轴		100	安装前抹
5	回转支承上、下座圈滚道，水平支撑滑轮，行走轮轴承，卷筒链条，中央集电环轴套，行走台车轴套	钙基润滑脂 冬 ZC-2 夏 ZC-4	50	涂抹

序号	润滑部位	润滑剂	润滑周期/h	润滑方式
6	水母式底架活动支腿、卷筒支座、行走机构小齿轮支座、旋转机构竖轴支座	钙基润滑脂 冬 ZC-2 夏 ZC-4	200	加注
7	卷筒支座		200	加注
8	齿轮传动、蜗轮蜗杆传动及行星传动等的轴承		200	加注
9	吊钩扁担梁推力轴承，钢丝绳滑轮轴承，小车行走轮轴承		500	加注
10	液压缸球铰支座、拆装式塔身基础节斜撑支座、起升机构和小车牵引机构限位开关链传动		1000	加注涂抹
11	制动器铰点、限位开关及接触器的活动铰点、夹轨器	机械油 HJ-20	50	根据需要油壶滴入
12	液力联轴节	汽轮机油 HU-55	200 1000	添加 换油
13	液压推杆制动器及液压电磁制动器	冬变压器油 DB-10 夏机械油 HJ-20	200	添加
14	液压油箱	冬 20# 抗磨液压油 夏 40# 抗磨液压油	100	顶升或降落塔身前检查添加
			100～500	清洗换油

注：由于不同型式的塔机对于润滑要求不尽相同，不同的使用环境对润滑的要求也不同，因此，塔机的润滑剂和润滑周期应按塔机使用说明书的要求，结合使用环境，进行润滑作业。塔机生产厂家有特殊要求的，按厂家说明书要求执行。

4.4 塔式起重机常见故障的判断与处置方法

塔机在使用过程中发生故障的原因很多，主要是因为工作环境恶劣、维护保养不及时、操作人员违章作业、零部件自然磨损等多方面原因。另外，塔机在调试时有时也发生意外情况。塔机发生异常时，安装拆卸工、塔机司机等作业人员应立即停止操作，及时向有关部门报告，由专职维修人员前来维修，以便及时处理，消除隐患，恢复正常工作。

塔机的常见故障一般分为机械故障和电气故障两大类。由于机械零部件磨损、变形、断裂、卡塞，润滑不良以及相对位置不正确等而造成机械系统不能正常运行，统称为机械故障。由于电气线路、元器件、电气设备以及电源系统等发生故障，造成用电系统不能正常运行，统称为电气故障。机械故障一般比较明显、直观，容易判断，在塔机运行中，比较常见；电气故障相对来说比较多，有的故障比较直观，容易判断，有的故障比较隐蔽，难以判断。

4.4.1 机械故障的判断与处置

塔机机械故障的判断和处置方法按照其工作机构、液压系统、金属结构和主要零部件分类叙述。

1. 工作机构

（1）起升机构

起升机构故障的判断和处置方法见表 4-5。

起升机构故障的判断和处置方法 表 4-5

序号	故障现象	故障原因	处置方法
1	卷扬机构声音异常	接触器缺相或损坏	更换接触器
		减速机齿轮磨损、啮合不良、轴承破损	更换齿轮或轴承
		联轴器联接松动或弹性套磨损	紧固螺栓或更换弹性套
		制动器损坏或调整不当	更换或调整刹车
		电动机故障	排除电气故障
2	吊物下滑（溜钩）	制动器刹车片间隙调整不当	调整间隙
		制动器刹车片磨损严重或有油污	更换刹车片，清除油污

序号	故障现象	故障原因		处置方法
2	吊物下滑（溜钩）	制动器推杆行程不到位		调整行程
		电动机输出扭矩不够		检查电源电压
		离合器片破损		更换离合器片
3	制动副脱不开	闸瓦式	制动器液压泵电动机损坏	更换电动机
			制动器液压泵损坏	更换
			制动器液压推杆锈蚀	修复
			机构间隙调整不当	调整机构的间隙
			制动器液压泵油液变质	更换新油
		盘式	间隙调整不当	调整间隙
			刹车线圈电压不正常	检查线路电压
			离合器片破损	更换离合器片
			刹车线圈损坏或烧毁	更换线圈

（2）回转机构

回转机构故障的判断和处置方法见表4-6。

回转机构故障的判断和处置方法 　　　　　表4-6

序号	故障现象	故障原因	处置方法
1	回转电动机有异响，回转无力	液力耦合器漏油或油量不足	检查安全易熔塞是否熔化，橡胶密封件是否老化等按规定填充油液
		液力耦合器损坏	更换液力耦合器
		减速机齿轮或轴承破损	更换损坏齿轮或轴承
		液力耦合器与电动机连接的胶垫破损	更换胶垫
		电动机故障	查找电气故障

続表

序号	故障现象	故障原因	处置方法
2	回转支承有异响	大齿圈润滑不良	加油润滑
		大齿圈与小齿轮啮合间隙不当	更换小齿轮
		滚动体或隔离块损坏	更换损坏部件
		滚道面点蚀、剥落	修整滚道
		高强螺栓预紧力不一致，差别较大	调整预紧力
3	臂架和塔身扭摆严重	减速机故障	检修减速机
		液力耦合器充油量过大	按说明书加注
		齿轮啮合或回转支承不良	修整

（3）变幅机构

变幅机构故障的判断和处置方法见表 4-7。

变幅机构故障的判断和处置方法　　　表 4-7

序号	故障现象	故障原因	处置方法
1	变幅有异响	减速机齿轮或轴承破损	更换
		减速机缺油	查明原因，检修加油
		钢丝绳过紧	调整钢丝绳松紧度
		联轴器弹性套磨损	更换
		电动机故障	查找电气故障
		小车滚轮轴承或滑轮破损	更换轴承
2	变幅小车滑行和抖动	钢丝绳未张紧	重新适度张紧
		滚轮轴承润滑不好，运动偏心	修复
		轴承损坏	更换
		制动器损坏	经常加以检查，修复更换
		联轴器联接不良	调整、更换
		电动机故障	查找电气故障

216

（4）行走机构

行走机构故障的判断和处置方法见表4-8。

行走机构故障的判断和处置方法   表4-8

序号	故障现象	故障原因	处置方法
1	运行时啃轨严重	轨距铺设不符合要求	按规定误差调整轨距
		钢轨规格不匹配，轨道不平直	按标准选择钢轨，调整轨道
		台车框轴转动不灵活，轴承润滑不好	经常润滑
		台车电动机不同步	选择同型号电动机，保持转速一致
2	驱动困难	啃轨严重，阻力较大，轨道坡度较大	重新校准轨道
		轴套磨损严重，轴承破损	更换
		电动机故障	查找电气故障
3	停止时晃动过大	延时制动失效，制动器调整不当	调整

2. 液压系统

液压系统故障的判断和处置方法见表4-9。

液压系统故障的判断和处置方法   表4-9

序号	故障现象	故障原因	处置方法
1	顶升时颤动及噪声大	液压系统中混有空气	排气
		油泵吸空	加油
		机械机构、液压缸零件配合过紧	检修，更换
		系统中内漏或油封损坏	检修或更换油封
		液压油变质	更换液压油

序号	故障现象	故障原因	处置方法
2	带载后液压缸下降	双向液压锁或节流阀不工作	检修，更换
		液压缸泄漏	检修，更换密封圈
		管路或接头漏油	检查，排除，更换
3	带载后液压缸停止升降	双向液压锁或节流阀失灵	检修，更换
		与其他机械机构有挂、卡现象	检查，排除
		手动液控阀或溢流阀损坏	检查，更换
4	顶升缓慢	单向阀流量调整不当或失灵	调整检修或更换
		油箱液位低	加油
		液压泵内漏	检修
		手动换向阀换向不到位或阀泄漏	检修，更换
		液压缸泄漏	检修，更换密封圈或油封
		液压管路泄漏	检修，更换
		油温过高	停止作业，冷却系统
		油液杂质较多，滤油网堵塞，影响吸油	清洗滤网，清洁液压油或更换新油
5	顶升无力或不能顶升	油箱存油过低	加油
		液压泵反转或效率下降	调整，检修
		溢流阀卡死或弹簧断裂	检修，更换
		手动换向阀换向不到位	检修，更换
		油管破损或漏油	检修，更换
		滤油器堵塞	清洗，更换
		溢流阀调整压力过低	调整溢流阀
		液压油进水或变质	更换液压油
		液压系统排气不完全	排气
		其他机构干涉	检查，排除

3. 金属结构

金属结构故障的判断和处置方法见表 4-10。

金属结构故障的判断和处置方法 表 4-10

序号	故障现象	故障原因	处置方法
1	焊缝和母材开裂	超载严重，工作过于频繁产生比较大的疲劳应力，焊接不当或钢材存在缺陷等	严禁超负荷运行，经常检查焊缝，更换损坏的结构件
2	构件变形	密封构件内有积水冬季易产生冻胀变形，严重超载，运输吊装时发生碰撞，安装拆卸方法不当	要经过校正后才能使用；但对受力结构件，禁止校正，必须更换
3	高强度螺栓联接松动	预紧力不够	定期检查，紧固
4	销轴退出脱落	开口销未打开	检查，打开开口销

4. 钢丝绳、滑轮

钢丝绳、滑轮故障的判断和处置方法见表 4-11。

钢丝绳、滑轮故障的判断和处置方法 表 4-11

序号	故障现象	故障原因	处置方法
1	钢丝绳磨损太快	钢丝绳滑轮磨损严重或者无法转动	检修或更换滑轮
		滑轮绳槽与钢丝绳直径不匹配	调整使之匹配
		钢丝绳穿绕不准确、啃绳	重新穿绕、调整钢丝绳
2	钢丝绳经常脱槽	滑轮偏斜或移位	调整滑轮安装位置
		钢丝绳与滑轮不匹配	更换合适的钢丝绳或滑轮
		防脱装置不起作用	检修钢丝绳防脱装置
3	滑轮不转及松动	滑轮缺少润滑，轴承损坏	经常保持润滑，更换损坏的轴承

4.4.2 电气故障的判断及处置

塔机电气系统故障的判断和处置方法见表 4-12。

电气系统故障的判断和处置方法　　　　　表 4-12

序号	故障现象	故障原因	处置方法
1	电动机不运转	缺相	查明原因
		过电流继电器动作	查明原因，调整过电流整定值，复位
		空气断路器动作	查明原因，复位
		变频器出现故障	查明原因，复位
		定子 / 转子回路断路	检查拆修电动机
2	电动机有异响	相间轻微短路或转子回路缺相	查明原因，正确接线
		电动机轴承破损	更换轴承
		转子回路的串接电阻断开、接地	更换或修复电阻
		转子碳刷接触不良	更换碳刷
3	电动机温升过高	电动机转子回路有轻微短路故障	测量转子回路电流是否平衡，检查和调整电气控制系统
		电源电压低于额定值	暂停工作
		电动机冷却风扇损坏	修复风扇
		电动机通风不良	改善通风条件
		电动机转子缺相运行	查明原因，接好电源
		定子、转子间隙过小	调整定子、转子间隙
4	电动机烧毁	操作不当，低速运行时间较长	缩短低速运行时间
		电动机修理次数过多，造成电动机定子铁芯损坏	予以报废
		绕线式电动机转子串接电阻断路、短路、接地，造成转子烧毁	修复串接电阻
		电压过高或过低	检查供电电压

序号	故障现象	故障原因	处置方法
4	电动机烧毁	转子运转失衡，碰擦定子（扫膛）	更换转子轴承或修复轴承室
		主回路电气元件损坏或线路短路、断路	检查修复
5	电动机输出功率不足	线路电压过低	暂停工作
		电动机缺相	查明原因，正确接线
		制动器没有完全松开	调整制动器
		转子回路断路、短路、接地	检修转子回路
6	按下启动按钮，主接触器不吸合	工作电源未接通	检查塔机电源开关箱，接通
		电压过低	暂停工作
		过电流继电器辅助触头断开	查明原因，复位
		主接触器线圈烧坏	更换主接触器
		操作手柄不在零位	将操作手柄归零
		主起动控制线路断路	排查主起动控制线路
		启动按钮损坏	更换启动按钮
7	起动后，控制线路开关断开	控制回路线路短路、接地	排查控制回路线路
8	接触器噪声大	衔铁芯表面积尘	清除表面污物
		短路环损坏	更换修复
		主触点接触不良	修复或更换
		电源电压较低，吸力不足	测量电压，暂停工作
9	吊钩只下降不上升	起重量、高度、力矩限位误动作	更换、修复或重新调整各限位装置
		起升控制线路断路	排查起升控制线路
		接触器损坏	更换接触器

序号	故障现象	故障原因	处置方法
10	吊钩只上升不下降	下降控制线路断路	排查下降控制线路
		接触器损坏	更换接触器
11	回转只朝同一方向动作	回转限位误动作	重新调整回转限位
		回转线路断路	排查回转线路
		回转接触器损坏	更换接触器
12	变幅只向后不向前	力矩限位、重量限位、变幅限位误动作	更换、修复或重新调整各限位装置
		变幅向前控制线路断路	排查变幅向前控制线路
		变幅接触器损坏	更换接触器
13	变幅只向前不向后	变幅向后控制线路断路	排查变幅向后控制线路
		变幅接触器损坏	更换接触器
14	带涡流制动器的电机低速档速度变快	整流器击穿	更换整流器
		涡流线圈烧坏	更换或修复线圈
		线路故障	检查修复
15	塔机工作时经常跳闸	漏电保护器误动作	检查漏电保护器
		线路短路、接地	排查线路，修复
		工作电源电压过低或压降较大	测量电压，暂停工作

4.5 塔式起重机常见事故原因及处置方法

4.5.1 塔式起重机常见事故原因

随着我国建筑行业的快速发展，塔机作为建筑施工现场结构复杂、使用频繁、安装高度高的特种设备被广泛应用于高层、超高层的建筑项目中，因为塔机安拆和使用危险因素多、施工工艺

复杂、操作人员素质不一等特点,塔机发生事故频次越来越高。塔机常见事故原因可分为以下几种原因:

1. 超载使用

超载作业,在力矩限制器失效的情况下,极易引发事故,此列事故较多,引发的后果损害也较大。力矩限制器是塔机最关键的安全装置,力矩限制器的损坏、恶意调整、调整不当或失灵等均能造成力矩限制器失效。因为施工现场情况复杂,所以更应加强力矩限制器保养、校核,不能擅自调整,严禁拆除。

2. 违规安装、拆卸

(1)安拆人员未经过安全教育培训,无证上岗。

(2)安拆人员作业前未进行安全技术交底,作业人员未按照说明书工艺流程进行安拆作业。

(3)临时组织安拆队伍,作业人员之间配合不默契、不协调。

(4)指挥信号不明确或违章指挥。

(5)安拆作业现场无人员旁站监督。

3. 基础不符合要求

(1)未按说明书要求进行地耐力测试,因地基承载力不够造成塔机倾翻。

(2)未按说明书要求施工,地基太小不能满足塔机各种工况的稳定性。

(3)地脚螺栓断裂引发塔机倾翻。

(4)基础尺寸、混凝土强度不符合设计要求。

(5)基础压重不足。

4. 附着达不到要求

(1)超过独立高度未按照说明书安装附着。

(2)附着点以上塔机最大悬臂高度超出说明书要求。

(3)附着杆、附着间距不符合说明书要求。

(4)擅自使用非原厂家生产制造的不合格附墙装置。

(5)附着装置的联结、固定不牢。

5. 塔机位置不当

（1）塔机安装位置不当，多台塔机之间或与周围建筑物相互干涉，造成钢结构相互碰撞变形。

（2）与外电线路安全距离不足。

（3）与边坡外沿距离不足，造成基础不稳固。

（4）施工组织不合理，顶升滞后，高度不足，与在建工程和脚手架等临时设施碰撞。

6. 钢结构疲劳

塔机使用多年，钢结构及焊缝易产生疲劳、裂纹，进而引发塔机事故。易发生疲劳的部位主要有：

（1）基础节与底梁的连接处。

（2）斜撑杆与标准节的连接处。

（3）塔身变截面处。

（4）回转支承的上下支座。

（5）回转塔架。

7. 销轴脱落

（1）销轴晃动剪断开口销引发销轴脱落。

（2）安装时未安装压板或开口销，或用铁丝代替开口销。

（3）轴端挡板紧固螺栓未使用弹簧垫或紧固不牢，长期振动而脱落，压板失效导致销轴脱落。

（4）臂架接头处三角挡板因多次拆卸发生变形或开焊，导致臂架销轴脱落。

8. 钢丝绳断裂

（1）钢丝绳断丝、断股超过规定标准。

（2）未设置滑轮防脱绳装置或装置损坏、缺失，钢丝绳脱槽摩擦断裂。

（3）高度限位失效，吊钩升至顶部未断电而导致钢丝绳拉断。

（4）重量限制器失效，超载起吊。

9. 高强度螺栓达不到要求

（1）高强度螺栓预紧力不符合要求，螺栓螺母脱落。

（2）未按照规定使用高强度螺栓，或更换螺栓不符合说明书要求。

（3）连接螺栓缺失垫圈。

（4）螺栓、螺母损伤、变形。

10. 安全装置失效

如制动器、重量限制器、高度限位、回转限位、变幅限位等损坏、拆除。

11. 其他原因

如遇到地震、强风、大雨等恶劣天气，塔机司机未持证上岗、塔机指挥人员不到位，塔机运行过程未严格执行"十不吊"等操作规程。

4.5.2　塔机常见事故处置方法

塔机从进场安装到最后拆除退场，时间长、使用频次高、使用环境多变、人员流动性大，我们应该从塔机购置租赁、安拆作业、操作使用、维护保养、应急处置等方面加大管控力度。

1. 塔机购置租赁

在购买或租赁塔机时，用户要从长远利益出发，兼顾产品质量与成本，不走入低价购置、租赁的误区，要选择具有生产许可证等证件齐全的正规厂家生产的合格产品，材料、元器件符合设计要求，各种限位、保险等安全装置齐全有效，设备完好，性能优良，不得购置、租赁国家淘汰、存在严重事故隐患以及不符合国家技术标准或检验不合格的产品。

2. 塔机安拆队伍选用

塔机的安装、拆卸必须由具备起重设备安装工程专业承包资质，并且取得安全生产许可证的专业队伍施工，作业人员应相对固定，作业人员数量符合国家要求，工种应匹配，作业中应遵守纪律、服从指挥、配合默契，严格遵守操作规程，作业后及时清理现场工具；辅助起重设备、机具应配备齐全，性能可靠；在安拆现场应服从施工总承包单位和建设、监理单位的管理。

3. 作业人员培训考核

严格特种作业人员资格管理，塔机的安装拆卸工、塔机司机、起重司索信号工等特种作业人员必须接受专门的安全操作知识培训，经建设主管部门考核合格，取得《建筑施工特种作业操作资格证书》，每年还应参加安全生产教育。

首次取得证书的人员实习操作不得少于三个月，实习操作期间，用人单位应当指定专人指导和监督作业。指导人员应当从取得相应特种作业资格证书并从事相关工作 3 年以上、无不良记录的熟练工中选择。实习操作期满，经用人单位考核合格，方可独立作业。

4. 技术管理

（1）塔机在安装拆卸前，必须制定安全专项施工方案，并按照规定程序进行审核审批，确保方案的可行性。

（2）安装队伍技术人员要对安拆作业人员进行详细的安全技术交底，作业时工程监理单位应当旁站监理，确保安全专项施工方案得到有效执行。

（3）技术人员应根据工程实际情况和设备性能状况对安装拆卸工、塔机司机、起重司索信号工等进行安全技术交底。

（4）塔机司机应遵守劳动纪律，听从指挥，严格按照操作规程操作，认真履行交接班制度，做好塔机的日常检查和维护保养工作。

（5）塔机退场后应做好维修检查工作，根据使用说明书要求，对易损件、易锈蚀部位进行全面检查保养，填写记录存入设备档案。

5. 检查验收

（1）塔机在安装后，安装单位应当按照规定内容对塔机进行严格的自检，并出具自检报告。

（2）自检合格后，使用单位应当委托具有相应资质的检测检验单位对塔机进行检验。

（3）塔机使用前，施工总承包单位应当组织使用、总包、安装、产权和工程监理单位进行共同验收，合格后方可投入使用。

（4）使用期间，有关单位应当按照规定的时间、项目和要求做好塔机的检查和日常、定期维护保养，尤其要注重对限位保险装置、螺栓紧固、销轴连接、钢丝绳、吊钩等部位的检查和维修保养，确保使用安全。

6. 应急处理工作

当施工现场遇到强风、大雨等不能满足安全使用条件时，应停止作业，关闭司机室门窗，断电上锁，确保起重臂随风自由旋转，相关人员采取安全避让措施。

4.6 塔式起重机常见事故与案例

4.6.1 塔机常见的事故类型

多年来，尽管发生的塔机事故成百上千起，造成的伤害也不尽相同，但按塔机本身的损坏情况，常见的事故有以下几种类型：

1. 倾翻事故，指塔身整体倾倒或塔机上部起重臂、平衡臂和塔帽倾翻坠地等事故。

2. 断（折）臂事故，指塔机起重臂或平衡臂折弯、严重变形或断裂等事故。

3. 脱、断钩事故，指起重吊具从吊钩脱出或吊钩脱落、断裂等事故。

4. 断绳事故，指起升、变幅钢丝绳破断等事故。

5. 高处坠落事故，指作业人员不按规范对塔机检查、维修、保养、操作等，引起的坠落事故。

6. 物体打击事故，主要指塔机吊物坠落造成人身伤害事故。

在塔机安装、使用和拆卸过程中，还经常发生吊物或起重钢丝绳等碰触外电线路发生触电事故；塔机臂架碰撞、挤压发生的伤害事故等。

4.6.2 塔机事故案例分析

1. 塔机超载倾斜事故案例

2013年某日，某建筑工地发生一起塔机倾斜变形事故。

（1）事故经过

2013年某日，某建筑工地一台QTZ63自升式塔机在吊运钢管时塔身变形歪斜。该塔机起重臂长46m，塔身已升至90m高，装有6道附着装置，最高一道附着装置距起重臂杆铰点22m。经勘查，最高一道附着装置的一根附着杆调节丝杆和连接耳板被扭弯，造成附着框梁上方的塔身严重歪向建筑物，塔顶位置偏离中心垂线达0.9m。当时塔机的作业任务是将建筑物楼顶的钢管吊运至12层的裙房屋面上，起吊点在起重臂12m处，起吊钢管重量估算在3000kg，当小车向前行至起重臂38m处时，塔机发生倾斜变形。

（2）事故原因

通过对事故现场勘察取证及检测分析，这起事故主要是因塔机超载所引起的。

1）超载起吊。该塔机的起重特性表上表明，吊3000kg重物时，幅度应控制在25m之内；吊至38m处，重量应控制在1841kg，而当时吊运钢管重量达到3000kg，超载62%；

2）维修保养不到位。经检查起重力矩限位器失效。在正常情况下，超载时起重力矩限位器应该起保护作用，应切断吊钩向上、小车向外变幅的电源；

3）施工单位擅自制造、使用塔机附着装置。经检验，附着杆的调节丝杆的制作、热处理有缺陷，达不到应有的强度；耳板的制作、焊接质量也有缺陷。在超载时，耳板先发生塑变，致使调节丝杆弯曲，继而导致塔身倾斜。

（3）事故警示

1）加强司机教育，严禁超载作业；

2）加强塔机的维护保养，保证各安全装置灵敏有效；

3）严禁私自改造塔机上的任何零部件，若需改造加工必须找有相应资质的单位来完成。

2. 起重钢丝绳断裂事故案例

2015 年某日，某工地发生一起塔机钢丝绳断裂，造成一人死亡的事故。

（1）事故经过

2003 年某日，某工地使用一台 QTZ80 自升式塔机吊运混凝土，当料斗上升至 30m 左右时，钢丝绳突然断裂，料斗坠落。此时，下方正有两位民工在装砂，其中一人听见旁边有人惊呼，迅速躲闪，另一人躲闪不及被料斗砸中，经抢救无效死亡。

（2）事故原因

经勘查，装在塔帽上的导向滑轮断裂破损，钢丝绳被破碎的滑轮割断，导致料斗坠落，是造成事故的直接原因。

1）导向滑轮有严重的质量问题。该滑轮为铸钢滑轮，经检验，不但有砂眼、空洞多，而且强度不够，是滑轮被钢丝绳严重磨损断裂的重要原因之一；

2）塔机存在制造质量问题。滑轮轴不垂直，使钢丝绳在滑轮上产生侧偏磨损，造成滑轮磨损成两半，进而使钢丝绳卡在断裂滑轮的锐刃上，切断钢丝绳；

3）塔机司机和检修工没有按规定进行日检、月检。若早日发现滑轮磨损超标而及时更换，就不会发生此次重大事故。

（3）事故警示

1）加强塔机零部件质量的检查；

2）应当提高塔机的制造质量；

3）加大塔机司机和维修工的检查。

3. 违章使用塔机倾翻事故案例

2014 年某日，某工地发生一起塔机倾翻事故，造成一死二伤。

（1）事故经过

2014 年某日，某建筑工地一工长将旁边一台 QTZ80 塔机用的混凝土料斗借来用在 QTZ25 塔机上使用，项目经理安排一名民工负责塔机吊运指挥与挂钩。开始时，每次民工在料斗内只装一罐混凝土（350型搅拌机，一罐混凝土 $0.35m^3$，约800kg左右，加上料斗重量约1100kg，在25m范围内还可以起吊）。之后，该民工在料斗中一次装了两罐混凝土，塔机起吊后回转，塔机严重摇晃，使塔身弯曲，导致塔机倾翻，砸在在建建筑物上，致使3名正在作业的民工一死二伤。

（2）事故原因

1）项目经理违章指挥，安排未取得特种作业操作证书的民工指挥塔机作业；该民工未经专门的安全操作培训，不懂塔机性能；

2）该塔机维护保养不到位，力矩限制器失效，超载时未能发出警报，有效切断吊钩上升电源；

3）工地工长借用QTZ80塔机的大料斗来装吊混凝土，未对司索指挥人员进行交底；

4）塔机司机违反安全操作规程，在没有专人指挥的情况下操作塔机，超载作业。

（3）事故警示

1）严禁违章指挥；

2）塔机保养要到位；

3）对工作人员要进行交底；

4）严禁违反安全操作规程。

4. 塔机顶升加节违章作业倒塌事故案例

2015年某日，一工地塔机在顶升加节作业时发生倒塌，造成2名作业人员死亡。

（1）事故经过

某工程塔机顶升作业过程中，因塔机指挥人员违规指挥操作变幅小车，塔机司机违规操作变幅小车，调整吊臂平衡，致使塔机平衡失稳，导致塔机起重臂、操作平台等从高处坠落，塔机上2名作业人员随塔机结构一起坠落，2名作业人员当场死。

（2）事故原因

经分析，这是一起由于严重违章指挥、违章作业引起的事故。

1）塔机在顶升过程，指挥人员违章指挥，司机违章操作变幅小车，致使塔机平衡失稳，是事故发生的直接原因；

2）塔机司机私自改动线路，致使变幅操作系统自锁装置失效，是事故发生的重要原因；

3）塔机产权单位、使用单位疏于安全教育和监督检查，未及时发现和制止塔机司机改动塔机安全装置，造成设备存在重大安全隐患。

（3）事故警示

1）加强安拆人员教育和交底，熟悉安拆流程和操作规程；

2）严禁违章指挥、违章作业；

3）产权单位、使用单位应及时对塔机安全装置等进行检查。

5. 连接销轴脱落起重臂坠落事故案例

一台进口塔机在使用中前端起重臂坠落，造成地面作业人员1人死亡。

（1）事故经过

一台进口塔机，使用年限已超过二十年，安装前租赁单位将塔机涂刷一新，安装后使用不久，起重臂臂架间连接销轴脱落，使前端起重臂坠落，造成地面作业人员1人死亡。事故现场情况。

（2）事故原因

塔机使用年限已超过二十年，起重臂连接轴销定位套锈蚀严重，但安装单位仍实施安装，并投入使用。使用过程中定位套损坏，造成起重臂坠落。起重臂连接销轴脱落。

（3）事故警示

1）严格按照住房和城乡建设部第659号公告的规定，对超过使用年限的起重设备应限制使用；

2）塔机安装前，应对零部件进行细致的检查，凡是损坏或有严重缺陷的，不得进行安装。

6. 基础节断裂塔机倾覆事故案例

2015年某日，某工地在用塔机突然倾倒在一旁建筑物上。

（1）事故经过

某工地一台 QTZ40 塔机安装、使用一段时间后，司机感到该塔机晃动严重，请维修人员检查原因，维修人员利用休息日进行检查，也未发现原因。当将塔机回转时，突然倾倒在一旁建筑物上，所幸未造成人员伤亡。

（2）事故原因

1）塔机混凝土基础预埋节擅自以普通标准节代用，且被预埋的标准节壁厚低于锚脚壁厚，使用中根部受力最大，根部标准节由裂纹发展到断裂，使标准节被拉断。

2）基础严重积水，以致标准节进一步腐蚀，并且不能及时发现裂缝。

（3）事故警示

1）塔机预埋件必须使用说明书规定的预埋件，臂厚不同应做好标记，防止错位；

2）塔机的基础应有良好的排水系统；

3）经常检查塔机的安全状况。

7. 违章斜吊作业事故案例

2012 年某日，某工地斜拉起吊混凝土料斗时造成 1 人死亡。

（1）事故经过

2012 年某日，某建筑工地在使用 QTZ40 塔机吊运混凝土，起重臂回转不到位时，即斜拉起吊离起吊垂直线约 2m 的混凝土料斗，料斗被缓慢向前拖动，此时起重指挥邵某正背朝塔机，与他人讲话，料斗撞向邵某，邵某躲闪不及被撞击倒地，不治身亡。

（2）事故原因

1）塔机司机严重违章作业，歪拉斜吊；

2）起重指挥邵某严重违反劳动纪律，玩忽职守。

（3）事故警示

1）严禁违章作业；

2）工作人员应遵守劳动纪律。

8. **违规使用塔机触电事故案例**

2014 年某工地，塔机起升钢丝绳与高压线相触及，造成 1 人触电身亡。

（1）事故经过

2014 年某日，某建筑工地用一台 QTZ40 塔机吊运一架金属长梯，距地面 22.5m 高处有一组 66kV 高压输电线路。现场作业人员有 4 名：现场负责人甲、现场吊装作业指挥人员乙、司索丙和塔机司机丁。当指挥作业人员乙指挥吊装司索人员丙用吊装绳捆绑锁住金属长梯中间部分，乙指挥丁开始起吊，此时长梯有些摇晃摆动，丙用手扶住长梯一端来减缓长梯的摆动，然后乙又指挥丁操作塔机吊着长梯向左回转以便放置到架设长梯的位置上，正当长梯随起重机臂回转时，丙突然倒地。此时发现塔机起升钢丝绳与高压线相触及，造成丙触电身亡。

（2）事故原因

1）毗邻施工现场的高压线路未按规定进行防护；

2）塔机安装后，未按规定进行验收，擅自投入使用；

3）司索工违章指挥、塔机司机违章作业，未观察周围环境；

4）被害者丙等作业人员在高压线下方作业，缺乏应有的安全知识和自我保护意识。

（3）事故警示

1）施工现场的高压线路应按规定进行防护；

2）塔机验收时应严格按规定进行验收；

3）严禁违章指挥、违章作业，作业前认真观测周围环境；

4）工人应增强安全知识和自我保护意识。

9. **违反操作规程安装工高空坠落事故案例**

2016 年某日，某工地 1 工人在安装塔机时坠落身亡。

（1）事故经过

2016 年某日，某市山区林业局住宅楼工地，在安装塔机时，某安装工人在距地面约 10m 高处紧固斜塔身与直塔身交接处的螺栓时，由于违反操作规程未系安全带失手从塔机上坠落至地面而死亡。

（2）事故原因

1）拆装人员缺乏塔机的安全技术知识，安全意识淡薄，违章作业；

2）现场塔机安装负责人及安全员责任心不强，没有及时制止违章作业。

（3）事故警示

1）增强拆装人员的安全技术知识，严禁违章作业；

2）增加现场管理人员的责任心。

10. 违反安装程序造成塔机倾翻事故案例

2017年某日，某工地进行塔机安装作业时，塔机倒塌，造成3人死亡6人受伤。

（1）事故经过

2017年某日，某工地进行塔机安装作业，由武某负责具体安装指挥。十号塔机的前后臂和配重块以及主要部件已基本安装完毕。塔机回转以上部分未与塔身连接，靠爬身套架支撑，塔机处于顶升准备状态。为安装平台围栏接板，武某某违反塔机不准斜吊的规定，叫起重工王某指挥用配合安装的九号塔机牵引十号塔机前臂转动，致使十号塔机套架处弯折，向南倒塌。拴在前臂上的九号塔机钢丝绳被拉断。站在前臂端的起重工王某随前臂倒塌被砸身亡，平台上的电气技术员索某被摔身亡，塔基南面的起重工杜某被配重块压致死，路过现场的职工方某被砸断腿，正在塔上安装的工人胡某等四人随塔机倒下受轻伤，九号塔机司机田某因钢丝绳被拉断而受伤，直接经济损失400余万元。

（2）事故原因

安装的程序不正确，改变了塔机的受力状态，致使发生倒塌事故。

1）安装塔机上部时，旋转台只安放在塔身标准节上端，没有把上下两端的销钉孔用销钉锁住固定，塔机处于极不稳定状态；

2）塔机前臂长29m，只伸出17.9m，臂重9800kg；塔机后臂长 7.5m，臂重 6000kg，加上配重 22500kg，共 28500kg。前后臂不平衡，产生了后倾力；

3）塔机处于准备顶升状态，上下部分没有用销钉连接紧，在这种情况下，塔机只能承受压力，不能承受拉力，用 9 号塔机（在上）拉 10 号塔机前臂（在下），必然产生 3 个力：向上的拉力使之增加后倾，作用于塔身的推力，施转力使后臂往外套架危险的开口处扭转。在这三个力的作用下，塔机迅速向南弯折倒塌。

（3）事故警示

1）严格按照规定的程序安装塔机，严禁违章作业；

2）加强安全生产教育和业务知识培训，增加现场管理人员的责任心。

5 安全操作技能

5.1 塔式起重机操作步骤

塔机的操作控制台现大多采用联动台控制，它充分体现人性化舒适作业的特点，起到减轻司机疲劳作业的作用。

5.1.1 控制台的操作

常见塔机的联动台式控制台组成和操作方法如下：

1. 联动台的组成

联动台由左、右两部分组成，每一部分又包括联动操纵杆总成和若干按钮主令开关，如图5-1所示。

2. 操作方法

（1）右联动操作杆，控制起升机构和大车行走机构：

1）握住右联动操纵杆前推或后拉，可控制吊钩上升或下降；

2）握住右联动操纵杆向两侧左右摆动，可控制大车前进或后退；

（2）左联动操纵杆控制变幅机构和回转机构：

1）握住右联动操纵杆前推或后拉，可控制小车前行或后退；

2）握住左联动操纵杆两侧左右摆动，可控制臂架左右转动。

（3）左右联动操纵杆可单独或同时控制不同工作机构动作。

（4）随着联动操纵杆移动量的增大或减小，相应工作机构电动机的转速也相应地加快或减慢。

（5）右联动操纵杆的联动台面上一般都附装一个紧急安全按钮，压下该按钮，便可将电源切断。

（6）左联动操纵杆的联动台面上还附装一个回转制动器控制按钮，通过该按钮可对回转机构进行制动。

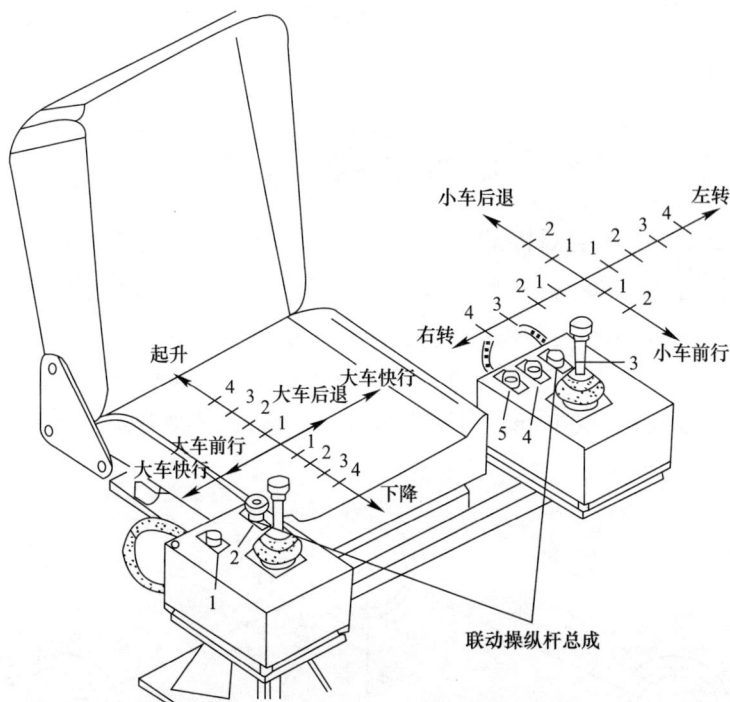

图 5-1 塔机联动式控制台示意图
1—鸣铃按钮；2—断电开关；3—警示灯；4—变速率；5—回转制动

3. 操作注意事项

（1）当需要反向运动时，必须将手柄逐档扳回零位，待机构停稳后，再逆向运行。

（2）回转机构的阻力负载变化范围极大，回转启止时惯性也大，要注意保证回转机构启止平稳，减小晃动，严禁打反转。

（3）操作时，用力不要过猛，操作力不应超过100N，推荐采用以下值：

1）对于左右方向的操作，控制在5～40N之间；

2）对于前后方向的操作，控制在8～60N之间。

（4）可单独操作一个机构，也可同时操作两个机构，视需要而定。在较长时间不操作或停止作业时，应按下停止按钮，切断总电源，防止误动作。遇到紧急情况，也可按下停止按钮，迅速切断电源。

5.2 塔式起重机的操作实例

5.2.1 水箱定点停放操作

1. 场地要求

（1）QTZ 系列塔机 1 台，起升高度在 20～30m。

（2）吊物：水箱 1 个，边长 1000mm×1000mm×1000mm，水面距箱口 200mm，吊钩距箱口 1000mm；平面摆放位置，如图 5-2 所示。

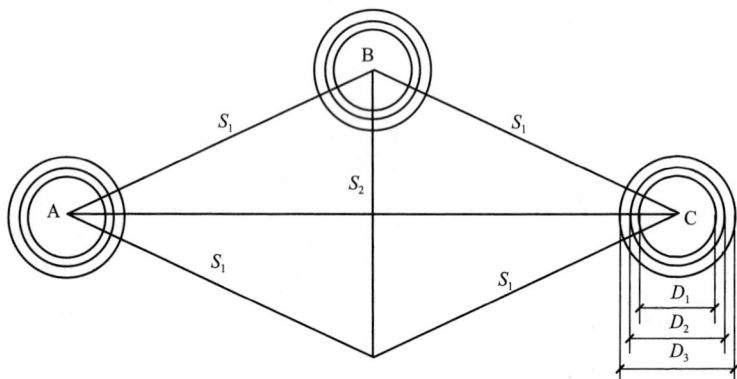

图 5-2 水箱定点停放平面示意图

S_1=18000mm；S_2=13000mm；D_1=1700mm；D_2=1900mm；D_3=2100mm

（3）其他器具：起重吊运指挥信号用红、绿色旗一套，指挥用哨子一只，计时器 1 个。

（4）个人防护用品。

2. 操作要求

（1）学员接到指挥信号后，将水箱由 A 位吊起，先后放入 B 圆、C 圆内；

（2）再将水箱由 C 处吊起，返回放入 B 圆、A 圆内；

（3）最后将水箱由 A 位吊起，直接放入 C 圆内。

水箱由各处吊起时均距地面 4000mm，每次下降途中准许各停顿二次。

3. 操作步骤

先送电，各仪表正常，空载试运转，无异常，接到指挥信号后：

（1）先鸣铃，再根据起重臂所在位置，左手握住左手柄，左（右）扳动使起重臂回转，先将手柄扳到 1 档慢慢开动回转，回转启动后可以逐档地推动操作手柄，加快回转速度，当起重臂距离 A 圆较近时，逐档扳回操作手柄至零位，减速回转，使起重臂停止在 A 圆正上方；

（2）先鸣铃，然后根据小车位置推（拉）左操作手柄使变幅小车前（后）方向移动，将手柄依次逐档地推动，加快变幅速度，当变幅小车离 A 圆较近时，将手柄逐档扳回 1 挡，当变幅小车到达 A 圆正上方时，将手柄扳回零位，小车停止移动；

（3）在左手动作（2）的同时，右手可以同时动作：右手握住右手柄，前推右手柄落钩，将手柄依次逐档地推动，加快吊钩下降速度，当吊钩离 A 圆水箱较近时，将手柄逐档扳回 1 挡，减速下降，当吊钩距水箱约 800mm 高时，将手柄扳回零位，吊钩停止下降；

（4）在 A 圆内挂好水箱后，先鸣铃，再后扳右手柄将水箱吊起，将手柄依次逐档地拉动，加快吊钩上升速度，当水箱离地面接近 4000mm 高时，将手柄逐档扳回 1 挡，减速上升，将手柄扳回零位，吊钩停止上升；

（5）先鸣铃，左手握住左手柄右扳动使起重臂右转，先将手柄扳到 1 档慢慢开动回转，回转启动后可以将手柄依次逐档地推动操作手柄，加快回转速度，当起重臂距离 B 圆较近时，逐档扳回操作手柄至零位，减速回转，使起重臂停止在 B 圆正上方；

（6）先鸣铃，然后向后回拉左操作手柄使变幅小车向后方向移动,将手柄依次逐挡地推动,加快变幅速度,当变幅小车离B圆较近时,将手柄逐挡扳回1挡,当变幅小车到达B圆正上方时,将手柄扳回零位,小车停止移动;

(7)在左手动作(6)的同时,右手可以同时动作:右手握住右手柄,前推右手柄落钩,将手柄依次逐挡地推动,加快水箱下降速度,当水箱离B圆较近时,将手柄逐挡扳回1挡,减速下降,当水箱落到地面时,将手柄扳回零位,吊钩停止下降;

(8)重复(4)、(5)、(7)操作方法把水箱运到C圆内,用同样方法将水箱返回放入B圆、A圆内;

(9)最后按(4)、(5)、(7)步骤将水箱由A圆吊起,直接放入C圆内。

5.2.2 水箱绕木杆运行和击落木块的操作

1. 场地要求

1)QTZ系列塔机1台,起升高度在20~30m。

2)吊物:水箱1个,直径500mm,水面距桶口50mm,吊钩距桶口1000mm。

3)标杆23根,每根高2000mm,直径20~30mm。

4)底座23个,每个直径300mm,厚度10mm。

5)立柱5根,高度依次为1000、1500、1800、1500、1000mm,均布在CD弧上;立柱顶端分别立着放置200mm×200mm×300mm的木块;平面摆放位置,如图5-3所示。

6)起重吊运指挥信号用红、绿色旗一套,指挥用哨子一只,计时器1个。

2. 操作要求

学员接到指挥信号后,将水箱由A位吊离地面1000mm,按图示路线在杆内运行,行至B处上方,即反向旋转,并用水箱依次将立柱顶端的木块击落,最后将水箱放回A位。在击落木块的运行途中不准开倒车。

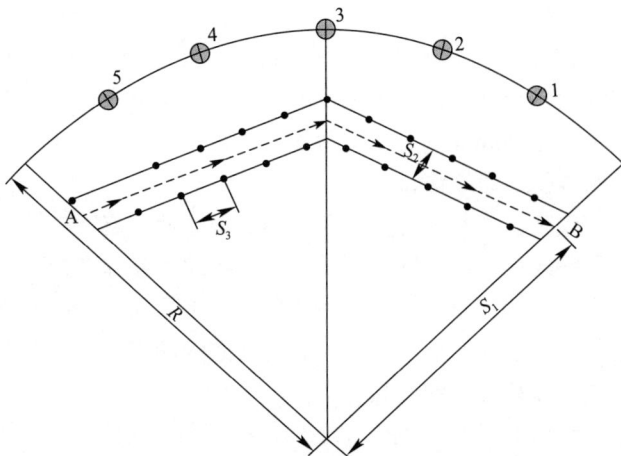

图中 ●表示标杆 ⊕表示放置木块的立柱 ━━▶ 表示运行方向

图 5-3 起吊水桶击落木块平面示意图

$R=19000mm$；$S_1=15000mm$；$S_2=2000mm$；$S_3=25000mm$

3. 操作步骤

先送电，各仪表正常，空载试运转，无异常。

（1）接到指挥信号后，先鸣铃，再根据起重臂所在位置，左手握住左手柄左（右）扳动使起重臂回转，先将手柄扳到 1 档慢慢开动回转，回转启动后可以将手柄依次逐档地推动操作手柄，加快回转速度，当起重臂距离 A 位较近时，逐档扳回操作手柄至零位，减速回转，使起重臂停止在 A 位正上方；

（2）先鸣铃，然后根据小车位置推（拉）左操作手柄使变幅小车前（后）方向移动，启动后将手柄依次逐挡地推动，加快变幅速度，当变幅小车离 A 位较近时，将手柄逐档扳回 1 挡，当变幅小车到达 A 位上方时，将手柄扳回零位，小车停止移动；

（3）在左手动作（2）的同时，右手可以同时动作：右手握住右手柄，前推右手柄落钩，启动后将手柄依次逐档地推动，加快吊钩下降速度，当吊钩离 A 位水箱较近时，将手柄逐档扳回 1 挡，减速下降，当吊钩距水箱约 800mm 高时，将手柄扳回零位，吊钩停止下降；

（4）在 A 位挂好水箱后，先鸣铃，再后扳右手柄将水箱吊起，启动后将手柄依次逐档地拉动，加快吊钩上升速度，当水箱离地面接近 1000mm 高时，将手柄逐档扳回 1 挡，减速上升，将手柄扳回零位，吊钩停止上升；

（5）先鸣铃，左手握住左手柄向右扳动使起重臂右转，使水箱按图示路线在杆内运行，回转中当水箱靠近外行立杆时，左手前后调整左手柄使小车慢慢前后移动，使水箱保持在内外两行立杆之间移动，继续右扳左手柄，重复前面的动作，保持水箱在两行立杆之间顺利运行到 B 位；

（6）到达 B 位后，前推左手档使小车前行至约 4m 处，即左扳左手柄将水箱运行至 1 位，能碰倒其位置上的木块后，继续左扳左手柄，让水箱分别经过 2、3、4、5 位置，并用水箱依次将其立柱顶端的木块击落，最后左手轻后扳控制小车向后移至 A 处，同时操作右手柄，下降水箱，将水箱放回 A 位。在击落木块的运行途中不准开倒车。

5.3 塔式起重机常见故障的判断及处置

塔机常见的故障一般分为机械故障和电气故障两大类。由于机械零部件磨损、变形、断裂、卡塞，润滑不良以及相对位置不正确等而造成机械系统不能正常运行，统称为机械故障。由于电气线路、元器件、电气设备，以及电源系统等发生故障，造成用电系统不能正常运行，统称为电气故障。机械故障一般比较明显、直观，容易判断，在塔机运行中，比较常见；电气故障相对来说比较多，有的故障比较直观，容易判断，有的故障比较隐蔽，难以判断。

1. 机械故障的判断及处置

塔机机械故障的判断和处置方法按照其工作机构、液压系统、金属结构和主要零部件分类叙述。

（1）工作机构

1）起升机构

起升机构故障的判断和处置方法见表 5-1。

起升机构故障的判断和处置方法　　　　　表 5-1

故障现象	故障原因	处置方法
卷扬机构声音异常	联轴器联接松动或弹性套磨损	紧固螺栓或更换弹性套
	制动器损坏或调整不当、	更换或调整刹车
吊物下滑（溜钩）	制动器刹车片间隙调整不当	调整间隙
	制动器刹车片磨损严重或有油污	更换刹车片，清除油污
	制动器推杆行程不到位	调整行程
制动副脱不开	闸瓦式 制动器液压泵损坏	更换
	闸瓦式 机构间隙调整不当	调整机构的间隙
	闸瓦式 间隙调整不当	调整间隙
	闸瓦式 离合器片破损	更换离合器片

2）回转机构

回转机构故障的判断和处置方法见表 5-2。

回转机构故障的判断和处置方法　　　　　表 5-2

故障现象	故障原因	处置方法
回转电动机有异响，回转无力	液力耦合器漏油或油量不足	检查安全易熔塞是否熔化，橡胶密封件是否老化等按规定填充油液
	液力耦合器损坏	更换液力耦合器
	减速机齿轮或轴承破损	更换损坏齿轮或轴承
	电动机故障	查找电气故障
	大齿圈润滑不良	加油润滑
回转支承有异响	大齿圈与小齿轮啮合间隙不当	更换小齿轮
	高强螺栓预紧力不一致，差别较大	调整预紧力

3）变幅机构

变幅机构故障的判断和处置方法见表5-3。

变幅机构故障的判断和处置方法　　　　表5-3

故障现象	故障原因	处置方法
变幅有异响	减速机齿轮或轴承破损	更换
	钢丝绳过紧	调整钢丝绳松紧度
	联轴器弹性套磨损	更换
	小车滚轮轴承或滑轮破损	更换轴承
	钢丝绳未张紧	重新适度张紧

（2）金属结构

金属结构故障的判断和处置方法见表5-4。

金属结构故障的判断和处置方法　　　　表5-4

故障现象	故障原因	处置方法
焊缝和母材开裂	超载严重，工作过于频繁产生比较大的疲劳应力，焊接不当或钢材存在缺陷等	严禁超负荷运行，经常检查焊缝，更换损坏的结构件
构件变形	密封构件内有积水，严重超载，运输吊装时发生碰撞，安装拆卸方法不当	要经过校正后才能使用；但对受力结构件，禁止校正，必须更换
高强度螺栓联接松动	预紧力不够	定期检查，紧固
销轴退出脱落	开口销未打开	检查，打开开口销

（3）钢丝绳

钢丝绳、滑轮故障的判断和处置方法见表5-5。

钢丝绳、滑轮故障的判断和处置方法　　　　表 5-5

故障现象	故障原因	处置方法
钢丝绳磨损太快	钢丝绳滑轮磨损严重或者无法转动	检修或更换滑轮
	滑轮绳槽与钢丝绳直径不匹配	调整使之匹配
	钢丝绳穿绕不准确、啃绳	重新穿绕、调整钢丝绳
	钢丝绳缺少润滑	经常保持润滑

2. 电气故障的判断及处置

塔机电气系统故障的判断和处置方法见表 5-6。

电气系统故障的判断和处置方法　　　　表 5-6

故障现象	故障原因	处置方法
按下启动按钮，主接触器不吸合	工作电源未接通	检查塔机电源开关箱，接通
	操作手柄不在零位	将操作手柄归零
	主起动控制线路断路	排查主起动控制线路
	启动按钮损坏	更换启动按钮
吊钩只下降不上升	起重量、高度、力矩限位误动作	更换、修复或重新调整各限位装置
	起升控制线路断路	排查起升控制线路
	接触器损坏	更换接触器
吊钩只上升不下降	下降控制线路断路	排查下降控制线路
	接触器损坏	更换接触器
回转只朝同一方向动作	回转限位误动作	重新调整回转限位
	回转线路断路	排查回转线路
	回转接触器损坏	更换接触器
变幅只向后不向前	力矩限位、重量限位、变幅限位误动作	更换、修复或重新调整各限位装置
	变幅向前控制线路断路	排查变幅向前控制线路
	变幅接触器损坏	更换接触器

故障现象	故障原因	处置方法
塔机工作时经常跳闸	漏电保护器误动作	检查漏电保护器
	线路短路、接地	排查线路，修复
	工作电源电压过低或压降较大	测量电压，暂停工作

5.4 塔式起重机吊钩、滑轮和钢丝绳的报废识别

5.4.1 吊钩的报废

吊钩禁止补焊，有下列情况之一的，应予以报废：

（1）用 20 倍放大镜观察表面有裂纹；

（2）钩尾和螺纹部分等危险截面及钩筋有永久性变形；

（3）挂绳处截面磨损量超过原高度的 10%；

（4）心轴磨损量超过其直径的 5%；

（5）开口度比原尺寸增加 15%。

5.4.2 滑轮的报废

滑轮出现下列情况之一的，应予以报废：

（1）裂纹或轮缘破损；

（2）滑轮绳槽壁厚磨损量达原壁厚的 20%；

（3）滑轮底槽的磨损量超过相应钢丝绳直径的 25%。

5.4.3 卷筒的报废

卷筒出现下述情况之一的，应予以报废：

（1）裂纹或凸缘破损；

（2）卷筒壁磨损量达原壁厚的 10%。

5.4.4 钢丝绳的报废

钢丝绳使用的安全程度由断丝的性质和数量、绳端断丝、断

丝的局部聚集、断丝的增加率、绳股断裂、绳径减小、弹性降低、外部磨损、外部及内部腐蚀、变形、由于受热或电弧的作用而引起的损坏等项目判定。对钢丝绳可能出现缺陷的典型示例，国家在《起重机钢丝绳保养、维护、检验和报废》GB/T 5972—2016 中作了详细的说明，见本标准附录 E。以下是施工现场常见的几种钢丝绳报废形式：

1. 断丝的局部聚集

如果断丝紧靠一起形成局部聚集，则钢丝绳应报废。如这种断丝聚集在小于 6d 的绳长范围内，或者集中在任一支绳股里，那么，即使断丝数比《起重机钢丝绳保养、维护、检验和报废》GB/T 5972—2016 中的值少，钢丝绳也应予报废。

2. 绳股断裂

如果出现整根绳股的断裂，则钢丝绳应予以报废。

3. 外部磨损

钢丝绳外层绳股的钢丝表面的磨损，是由于它在压力作用下与滑轮或卷筒的绳槽接触摩擦造成的。这种现象在吊载加速或减速运动时，在钢丝绳与滑轮接触的部位特别明显，并表现为外部钢丝磨成平面状。磨损使钢丝绳的断面积减小而强度降低。当钢丝绳直径相对于公称直径减小 7% 或更多时，即使未发现断丝，该钢丝绳也应报废。

4. 变形

钢丝绳失去正常形状产生可见的畸形称为"变形"。这种变形会导致钢丝绳内部应力分布不均匀。钢丝绳的变形从外观上区分，主要可分下述几种：

（1）笼状畸变，这种变形出现在具有钢芯的钢丝绳上，当外层绳股发生脱节或者变得比内部绳股长的时候就会发生这种变形，如图 5-4 所示。笼状畸变的钢丝绳应立即报废。

（2）绳股挤出，这种变形通常伴随笼状畸变一起产生，如图 5-5 所示。绳股被挤出说明钢丝绳不平衡。绳股挤出的钢丝绳应立即报废。

图 5-4　笼状畸变

图 5-5　绳股挤出

（3）钢丝挤出，此种变形是一部分钢丝或钢丝束在钢丝绳背着滑轮槽的一侧拱起形成环状，如图 5-6 所示。这种变形常因冲击载荷而引起。若此种变形严重时，如图 5-6（b）所示，则钢丝绳应报废。

(a)

(b)

图 5-6　钢丝挤出

（a）钢丝从一绳股中挤出；（b）钢丝从多股中挤出

（4）部分被压扁，如图 5-7 所示，钢丝绳部分被压扁是由于机械事故造成的。严重时，则钢丝绳应报废。

(a)

(b)

图 5-7　钢丝绳被压扁

（a）部分被压扁；（b）多股被压扁

（5）弯折，如图 5-8 所示，弯折是钢丝绳在外界影响下引起的角度变形。这种变形的钢丝绳应立即报废。

248

图 5-8　弯折

5.5　起重吊运指挥信号

起重指挥信号包括手势信号、音响信号和旗语信号，此外还包括与塔机司机联系的对讲机等现代电子通信设备的语音联络信号。国家在《起重吊运指挥信号图解》GB 5082—1985 中对起重指挥信号作了统一规定，具体见附录 E。

5.5.1　手势信号

1. 手势信号是用手势与驾驶员联系的信号，是起重吊运的指挥语言，包括通用手势信号和专用手势信号。

2. 通用手势信号，指各种类型的塔机在起重吊运中普遍适用的指挥手势。通用手势信号包括预备、要主钩、吊钩上升等14 种。

3. 专用手势信号，指其有特殊的起升、变幅、回转机构的塔机单独使用的指挥手势。专用手势信号包括升臂、降臂、转臂等 14 种。

5.5.2　旗语信号

一般在高层建筑、大型吊装等指挥距离较远的情况下，为了增大塔机司机对指挥信号的视觉范围，可采用旗帜指挥。旗语信号是吊运指挥信号的另一种表达形式。根据旗语信号的应用范围和工作特点，这部分共有预备、要主钩、要副钩等 23 个图谱。

5.5.3　音响信号

音响信号是一种辅助信号。在一般情况下音响信号不单独作为吊运指挥信号使用，而只是配合手势信号或旗语信号应用。音响信号由 5 个简单的长短不同的音响组成。一般指挥人员都习惯使用哨笛音响。这 5 个简单的音响可与含义相似的指挥手势或旗语多次配合，达到指挥目的。使用响亮悦耳的音响是为了人们在不易看清手势或旗语信号时，作为信号弥补，以达到准确无误。

5.5.4　起重吊运指挥语言

起重吊运指挥语言是把手势信号或旗语信号转变成语言，并用无线电、对讲机等通信设备进行指挥的一种指挥方法。指挥语言主要应用在超高层建筑、大型工程或大型多机吊运的指挥和工作联络方面。它主要用于指挥人员对塔机司机发出具体工作命令。

5.5.5　塔机司机使用的音响信号

塔机使用的音响信号有三种：

1. 一短声表示"明白"的音响信号，是对指挥人员发出指挥信号的回答。在回答"停止"信号时也采用这种音响信号。

2. 二短声表示"重复"的音响信号，是用于塔机司机不能正确执行指挥人员发出的指挥信号时，而发出的询问信号，对于这种情况，塔机司机应先停车，再发出询问信号，以保障安全。

3. 长声表示"注意"的音响信号，这是一种危急信号，下列情况塔机司机应发出长声音响信号，以警告有关人员：

（1）当塔机司机发现他不能完全控制他操纵的设备时；

（2）当司机预感到塔机在运行过程中会发生事故时；

（3）当司机知道有与其他设备或障碍物相碰撞的可能时；

（4）当司机预感到所吊运的负载对地面人员的安全有威胁时。

5.6 紧急情况处置

塔机在使用过程中，会遇到某些意外情况，这时，操作人员必须沉着冷静并慎重处理，采取一些合理有效的应急措施，等待维修人员排除故障，尽可能地避免事故，减少损失。应急措施应遵循"安全第一，预防为主"、"保护人员安全优先，保护环境优先"的原则。

5.6.1 塔机作业时制动器突然失灵

塔机起重作业时，制动器突然失灵，操作人员不可惊慌失措，而应首先发出警报信号，同时根据现场人员分布的位置和所吊重物的质量、体积、形状、位置，采取相应的处理措施。如采取继续提升，并将重物移至较空旷处，用电动机控制（点动停机）使重物缓慢地下降到安全场地。

5.6.2 塔机作业时突然停电

作业过程中突然发生停电故障，司机应立即关闭电源开关，切断总电源，然后查明停电原因。

1. 如果短时间停电，可待接到来电通知后，合上电源开关，经检查塔机正常后方可继续工作；

2. 如果停电时间过长，应采取以下紧急措施：

（1）应将所有控制器拨至"0"位，断开总电源。

（2）如吊物下面有障碍物及房屋时，通知项目部暂时撤离吊物下方人员。

（3）由专业人员进行维修检查，采取措施使吊物下降至地面。

（4）电源恢复接通后，要进行全面检查，方可继续工作。

5.6.3 塔机作业时变幅钢丝绳突然断裂

塔机作业时，变幅钢丝绳突然断裂，防断绳装置起作用，阻止变幅小车移动，此时操作人员应镇定，发出报警信号，在确保安全的情况下，将所吊重物移至较空旷处，缓慢下降到安全场地，应将所有控制器拨至"0"位，断开总电源。通知专业安装人员更换钢丝绳后，经检查符合要求再进行作业。

5.6.4　塔机作业时钢结构突然变形

塔机在工作时突然遭受较强的外力，导致钢结构突然变形，此时操作人员要高度冷静，发出报警信号，警示疏散塔机周围人员，同时将所吊重物缓慢落到地面，要保持无回转动作和变幅动作，然后切断电源开关，迅速下到地面。

5.6.5　塔机作业时天气突变

恶劣天气指不利于人类生产和活动，或具有破坏性的局地天气状况例如大雾、云层极低、暴风雨、沙（尘）暴、雪暴、强雷暴、冰雹、龙卷风等。

塔机作业时，遇到恶劣天气，在确保安全的情况下，操作人员应将所吊重物就近下降到安全场地，然后将吊钩升到顶部，并把小车跑到臂架根部，起重臂应能随风转动，回转范围内不得有障碍物，切断电源，关闭门窗，撤离驾驶室。

5.6.6　发生电气设备故障或线路发生漏电

塔机运行中发生电气设备故障或线路发生漏电，操作人员应立即切断电源，通知专业维修人员进行检修。

附　录

《起重吊运指挥信号》
GB 5082—1985
1985—07—01 实施

引　言

为确保起重吊运安全，防止发生事故，适应科学管理的需要，特制订本标准。

本标准对现场指挥人员和起重机司机所使用的基本信号和有关安全技术作了统一规定。

本标准适用于以下类型的起重机械：

桥式起重机（包括冶金起重机）、门式起重机、装卸桥、缆索起重机、塔式起重机、门座起重机、汽车起重机、轮胎起重机、铁路起重机、履带起重机、浮式起重机、桅杆起重机、船用起重机等。

本标准不适用于矿井提升设备、载人电梯设备。

1　名词术语

通用手势信号——指各种类型的起重机在起重吊运中普遍适用的指挥手势。

专用手势信号——指具有特殊的起升、变幅、回转机构的起重机单独使用的指挥手势。

吊钩（包括吊环、电磁吸盘、抓斗等）——指空钩以及负有载荷的吊钩。

起重机"前进"或"后退"——"前进"指起重机向指挥人

员开来;"后退"指起重机离开指挥人员。

前、后、左、右在指挥语言中,均以司机所在位置为基准。

音响符号:

"——"表示大于一秒钟的长声符号;

"●"表示小于一秒钟的短声符号;

"○"表示停顿的符号。

2 指挥人员使用的信号

2.1 手势信号

2.1.1 通用手势信号

2.1.1.1 "预备"(注意)

手臂伸直,置于头上方,五指自然伸开,手心朝前保持不动(图 1)。

2.1.1.2 "要主钩"

单手自然握拳,置于头上,轻触头顶(图 2)。

图 1

图 2

2.1.1.3 "要副钩"

一只手握拳，小臂向上不动，另一只手伸出，手心轻触前只手的肘关节（图3）。

2.1.1.4 "吊钩上升"

小臂向侧上方伸直，五指自然伸开，高于肩部，以腕部为轴转动（图4）。

图3   图4

2.1.1.5 "吊钩下降"

手臂伸向侧前下方，与身体夹角约为30°，五指自然伸开，以腕部为轴转动（图5）。

2.1.1.6 "吊钩水平移动"

小臂向侧上方伸直，五指并拢手心朝外，朝负载应运行的方向，向下挥动到与肩相平的位置（图6）。

2.1.1.7 "吊钩微微上升"

小臂伸向侧前上方，手心朝上高于肩部，以腕部为轴，重复向上摆动手掌（图7）。

图 5

图 6

2.1.1.8 "吊钩微微下落"

手臂伸向侧前下方，与身体夹角约为 30°，手心朝下，以腕部为轴，重复向下摆动手掌（图8）。

 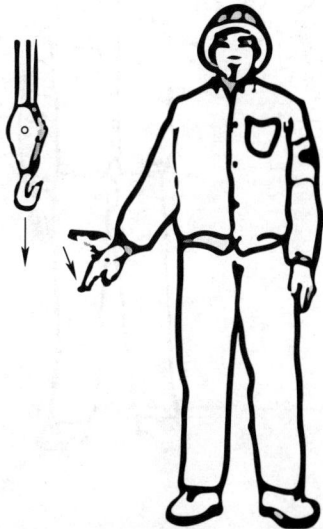

图7　　　　　　　　　　图8

2.1.1.9　"吊钩水平微微移动"

小臂向侧上方自然伸出，五指并拢手心朝外，朝负载应运行的方向，重复做缓慢的水平运动（图9）。

2.1.1.10　"微动范围"

双小臂曲起，伸向一侧，五指伸直，手心相对，其间距与负载所要移动的距离接近（图10）。

2.1.1.11　"指示降落方位"

五指伸直，指出负载应降落的位置（图11）。

2.1.1.12　"停止"

小臂水平置于胸前，五指伸开，手心朝下，水平挥向一侧（图12）。

2.1.1.13　"紧急停止"

两小臂水平置于胸前，五指伸开，手心朝下，同时水平挥向两侧（图13）。

图 9

图 10

图 11

图 12   图 13

2.1.1.14 "工作结束"

双手五指伸开，在额前交叉（图 14）。

2.1.2 专用手势信号

2.1.2.1 "升臂"

手臂向一侧水平伸直，拇指朝上，余指握拢，小臂向上摆动（图 15）。

2.1.2.2 "降臂"

手臂向一侧水平伸直，拇指朝下，余指握拢，小臂向下摆动（图 16）。

2.1.2.3 "转臂"手臂水平伸直，指向应转臂的方向，拇指伸出，余指握拢，以腕部为轴转动（图 17）。

2.1.2.4 "微微伸臂"

一只小臂置于胸前一侧，五指伸直，手心朝下，保持不动。另一手的拇指对着前手手心，余指握拢，做上下移动（图 18）。

2.1.2.5 "微微降臂"

一只小臂置于胸前的一侧，五指伸直，手心朝上，保持不动，

259

另一只手的拇指对着前手心，余指握拢，做上下移动（图19）。

图 14

图 15

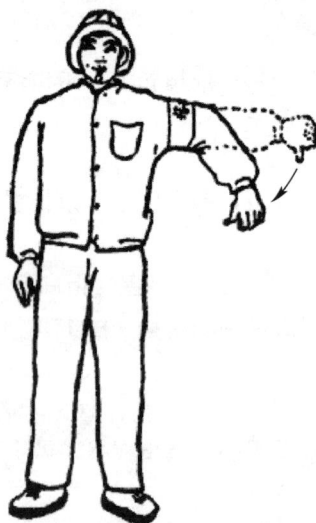

图 16

图 17

图 18

图 19

2.1.2.6 "微微转臂"

一只小臂向前平伸，手心自然朝向内侧。另一只手的拇指指向前只手的手心，余指握拢做转动（图20）。

图20

2.1.2.7 "伸臂"

两手分别握拳，拳心朝上，拇指分别指向两则，做相斥运动。（图21）。

2.1.2.8 "缩臂"

两手分别握拳，拳心朝下，拇指对指，做相向运动（图22）。

2.1.2.9 "履带起重机回转"

一只小臂水平前伸，五指自然伸出不动。另一只小臂在胸前作水平重复摆动（图23）。

2.1.2.10 "起重机前进"

双手臂先后前平伸，然后小臂曲起，五指并拢，手心对着自己，做前后运动（图24）。

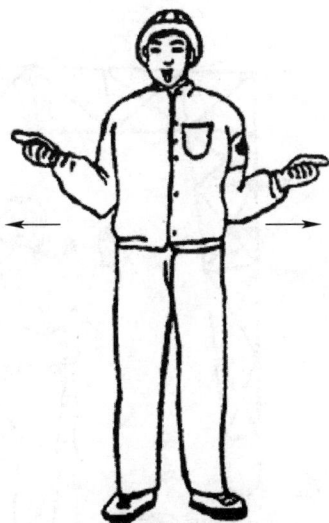

图 21 图 22

图 23

2.1.2.11 "起重机后退"

双小臂向上曲起，五指并拢，手心朝向起重机，做前后运动

（图 25）。

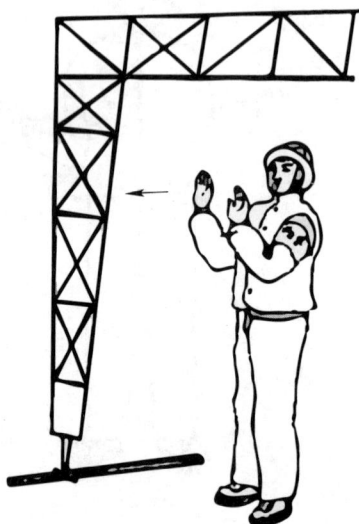

图 24 图 25

2.1.2.12 "抓取"（吸取）

两小臂分别置于侧前方，手心相对，由两侧向中间摆动（图 26）。

2.1.2.13 "释放"

两小臂分别置于侧前方，手心朝外，两臂分别向两侧摆动（图 27）。

2.1.2.14 "翻转"

一小臂向前曲起，手心朝上，另一小臂向前伸出，手心朝下，双手同时进行翻转（图 28）。

2.1.3 船用起重机（或双机吊运）专用的手势信号

2.1.3.1 "微速起钩"

两小臂水平伸出侧前方，五指伸开，手心朝上，以腕部为轴，向上摆动。当要求双机以不同的速度起升时，指挥起升速度快的一方，手要高于另一只手（图 29）。

2.1.3.2 "慢速起钩"两小臂水平伸向前侧方，五指伸开，手

图 26

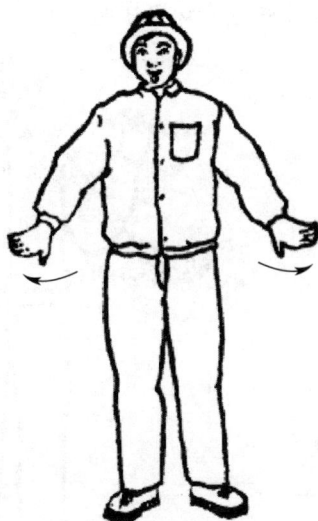

图 27

图 28

图 29

心朝上，小臂以肘部为轴向上摆动。当要求双机以不同的速度起升时，指挥起升速度快的一方，手要高于另一只手（图30）。

图 30

2.1.3.3 "全速起钩"

两臂下垂，五指伸开，手心朝上，全臂向上挥动（图31）。

2.1.3.4 "微速落钩"

两小臂水平伸向侧前方，五指伸开，手心朝下，手以腕部为轴向下摆动。当要求双机以不同的速度降落时，指挥降落速度快的一方，手要低于另一只手（图32）。

2.1.3.5 "慢速落钩"

两小臂水平伸向前侧方，五指伸开，手心朝下，小臂以肘部为轴向下摆动。当要求双机以不同的速度降落时，指挥降落速度快的一方，手要低于另一只手（图33）。

2.1.3.6 "全速落钩"

两臂伸向侧上方，五指伸出，手心朝下，全臂向下挥动（图34）。

2.1.3.7 "一方停止，一方起钩"

指挥停止的手臂作"停止"手势；指挥起钩的手臂侧作相应速度的起钩手势（图35）。

图 31

图 32

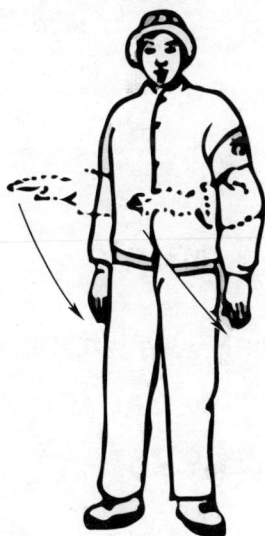

图 33

图 34

2.1.3.8 "一方停止，一方落钩"

指挥停止的手臂作"停止"手势，指挥落钩的手臂则作相应速度的落钩手势（图36）。

图35

图36

2.2 旗语信号

2.2.1 "预备"

单手持红绿旗上举（图37）。

2.2.2 "要主钩"

单手持红绿旗，旗头轻触头顶（图38）。

2.2.3 "要副钩"

一只手握拳，小臂向上不动，另一只手拢红绿旗，旗头轻触前只手的肘关节（图39）。

2.2.4 "吊钩上升"

绿旗上举，红旗自然放下（图40）。

2.2.5 "吊钩下降"

绿旗拢起下指，红旗自然放下（图41）。

图 37

图 38

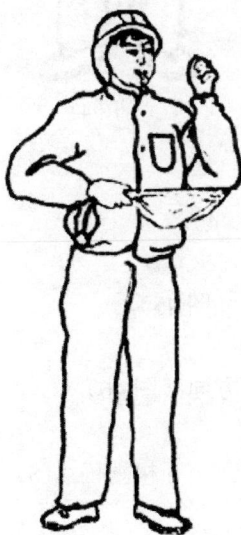

图 39

图 40

2.2.6 "吊钩微微上升"

绿旗上举，红旗拢起横在绿旗上，互相垂直（图42）。

2.2.7 "吊钩微微下降"

绿旗拢起下指，红旗横在绿旗下，互相垂直（图43）。

图41　　　　　　　　　　图42

2.2.8 "升臂"

红旗上举，绿旗自然放下（图44）。

2.2.9 "降臂"

红旗拢起下指，绿旗自然放下（图45）。

2.2.10 "转臂"

红旗拢起，水平指向应转臂的方向（图46）。

2.2.11 "微微升臂"

红旗上举，绿旗拢起横在红旗上，互相垂直（图47）。

2.2.12 "微微降臂"

红旗拢起下指，绿旗横在红旗下，互相垂直（图48）。

图 43

图 44

图 45

图 46

图 47

图 48

2.2.13 "微微转臂"

红旗拢起，横在腹前，指向应转臂的方向；绿旗拢起，竖在红旗前，互相垂直（图49）。

图 49

2.2.14 "伸臂"

两旗分别拢起，横在两侧，旗头外指（图50）。

图 50

2.2.15 "缩臂"

两旗分别拢起，横在胸前，旗头对指（图51）。

2.2.16 "微动范围"

两手分别拢旗，伸向一侧，其间距与负载所要移动的距离接近（图52）。

图51   图52

2.2.17 "指示降落方位"

单手拢绿旗，指向负载应降落的位置，旗头进行转动（图53）。

2.2.18 "履带起重机回转"

一只手拢旗，水平指向侧前方，另只手持旗，水平重复挥动（图54）。

2.2.19 "起重机前进"

两旗分别拢起，向前上方伸出，旗头由前上方向后摆动（图55）。

2.2.20 "起重机后退"

两旗分别拢起，向前伸出，旗头由前方向下摆动（图56）。

图 53

图 54

2.2.21 "停止"

单旗左右摆动，另一面旗自然放下（图 57）。

2.2.22 "紧急停止"

双手分别持旗，同时左右摆动（图 58）。

图 55

图 56

图 57

图 58

2.2.23 "工作结束"

两旗拢起,在额前交叉(图 59)。

2.3 音响信号

2.3.1 "预备"、"停止"

一长声——

2.3.2 "上升"

二短声●●

2.3.3 "下降"

三短声●●●

2.3.4 "微动"

断续短声●○●○●○●

2.3.5 "紧急停止"

急促的长声—— —— ——

2.4 起重吊运指挥语言

2.4.1 开始、停止工作的语言

图 59

起重机的状态	指挥语言
开始工作	开始
停止和紧急停止	停
工作结束	结束

2.4.2 吊钩移动语言

吊钩的移动	指挥语言
正常上升	上升
微微上升	上升一点
正常下降	下降
微微下降	下降一点
正常向前	向前
微微向前	向前一点
正常向后	向后
微微向后	向后一点
正常向右	向右
微微向右	向右一点
正常向左	向左
微微向左	向左一点

2.4.3 转台回转语言

转台的回转	指挥语言
正常右转	右转
微微右转	右转一点
正常左转	左转
微微左转	左转一点

2.4.4　臂架移动语言

臂架的移动	指挥语言
正常伸长	伸长
微微伸长	伸长一点
正常缩回	缩回
微微缩回	缩回一点
正常升臂	升臂
微微升臂	升一点臂
正常降臂	降臂
微微降臂	降一点臂

3　司机使用的音响信号

3.1　"明白"——服从指挥

一短声●

3.2　"重复"——请求重新发出信号

二短声●●

3.3　"注意"

长声—— ——

4　信号的配合应用

4.1　指挥人员使用音响信号与手势或旗语信号的配合。

4.1.1　在发出 2.3.2"上升"音响时，可分别与"吊钩上升"、"升臂"、"伸臂"、"抓取"手势或旗语相配合。

4.1.2　在发出 2.3.3"下降"音响时，可分别与"吊钩下降"、"降臂"、"缩臂"、"释放"手势或旗语相配合。

4.1.3　在发出 2.3.4"微动"音响时，可分别与"吊钩微微上升"、"吊钩微微下降"、"吊钩水平微微移动"、"微微升臂"、"微微降臂"手势或旗语相配合。

4.1.4 在发出 2.3.5 "紧急停止" 音响时，可与 "紧急停止" 手势或旗语相配合。

4.1.5 在发出 2.3.1 音响信号时，均可与上述未规定的手势或旗语相配合。

4.2 指挥人员与司机之间的配合

4.2.1 指挥人员发出 "预备" 信号时，要目视司机，司机接到信号在开始工作前，应回答 "明白" 信号。当指挥人员听到回答信号后，方可进行指挥。

4.2.2 指挥人员在发出 "要主钩"、"要副钩"、"微动范围" 手势或旗语时，要目视司机，同时可发出 "预备" 音响信号，司机接到信号后，要准确操作。

4.2.3 指挥人员在发出 "工作结束" 的手势或旗语时，要目视司机，同时可发出 "停止" 音响信号，司机接到信号后，应回答 "明白" 信号方可离开岗位。

4.2.4 指挥人员对起重机械要求微微移动时，可根据需要，重复给出信号。司机应按信号要求，缓慢平稳操纵设备。除此之外，如无特殊需求（如船用起重机专用手势信号），其他指挥信号，指挥人员都应一次性给出。司机在接到下一信号前，必须按原指挥信号要求操纵设备。

5 对指挥人员和司机的基本要求

5.1 对使用信号的基本规定

5.1.1 指挥人员使用手势信号均以本人的手心，手指或手臂表示吊钩、臂杆和机械位移的运动方向。

5.1.2 指挥人员使用旗语信号均以指挥旗的旗头表示吊钩、臂杆和机械位移的运动方向。

5.1.3 在同时指挥臂杆和吊钩时，指挥人员必须分别用左手指挥臂杆，右的指挥吊钩。当持旗指挥时，一般左手持红旗指挥臂杆，右手持绿旗指挥吊钩。

5.1.4 当两台或两台以上起重机同时在距离较近的工作区域

内工作时，指挥人员使用音响信号的音调应有明显区别，并要配合手势或旗语指挥，严禁单独使用相同音调的音响指挥。

5.1.5　当两台或两台以上起重机同时在距离较近的工作区域内工作时，司机发出的音响应有明显区别。

5.1.6　指挥人员用"起重吊运指挥语言"指挥时，应讲普通话。

5.2　指挥人员的职责及其要求：

5.2.1　指挥人员应根据本标准的信号要求与起重机司机进行联系。

5.2.2　指挥人员发出的指挥信号必须清晰。准确。

5.2.3　指挥人员应站在使司机看清指挥信号的安全位置上。当跟随负载运行指挥时，应随时指挥负载避开人员和障碍物。

5.2.4　指挥人员不能同时看清司机和负载时。必须增设中间指挥人员以便逐级传递信号，当发现错传信号时，应立即发出停止信号。

5.2.5　负载降落前，指挥人员必须确认降落区域安全时，方可发出降落信号。

5.2.6　当多人绑挂同一负载时，起吊前，应先作好呼唤应答，确认绑挂无误后，方可由一人负责指挥。

5.2.7　同时用两台起重机吊运同一负载时，指挥人员应双手分别指挥各台起重机，以确保同步吊运。

5.2.8　在开始起吊负载时，应先用"微动"信号指挥。待负载离开地面 100～200mm 稳妥后，再用正常速度指挥。必要时。在负载降落前，也应使用"微动"信号指挥。

5.2.9　指挥人员应佩带鲜明的标志，如标有"指挥"字样的臂章、特殊颜色的安全帽、工作服等。

5.2.10　指挥人员所戴手套的手心和手背要易于辨别。

5.3　起重机司机的职责及其要求

5.3.1　司机必须听从指挥人员的指挥，当指挥信号不明时，司机应发出"重复"信号询问，明确指挥意图后，方可开车。

5.3.2 司机必须熟练掌握标准规定的通用手势信号和有关的各种指挥信号，并与指挥人员密切配合。

5.3.3 当指挥人员所发信号违反本标准的规定时，司机有权拒绝执行。

5.3.4 司机在开车前必须鸣铃示警，必要时，在吊运中也要鸣铃，通知受负载威胁的地面人员撤离。

5.3.5 在吊运过程中，司机对任何人发出的"紧急停止"信号都应服从。

6 管理方面的有关规定

6.1 对起重机司机和指挥人员，必须由有关部门进行本标准的安全技术培训，经考试合格，取得合格证后方能操作或指挥。

6.2 音响信号是手势信号或旗语的辅助信号，使用单位可根据工作需要确定是否采用。

6.3 指挥旗颜色为红、绿色。应采用不易褪色、不易产生褶皱的材料。其规定：面幅应为400×500mm，旗杆直径应为25mm，旗杆长度应为500mm。

6.4 本标准所规定的指挥信号是各类起重机使用的基本信号。如不能满足需要，使用单位可根据具体情况，适当增补，但增补的信号不得与本标准有抵触。

附加说明：

本标准由中华人民共和国劳动人事部提出。

本标准由辽宁省劳动保护科学研究所负责起草。

本标准主要起草人席振生。